湛庐CHEERS

与最聪明的人共同进化

HERE COMES EVERYBODY

我看吉卜力动画时学会的事

[日] 清田予紀 著
管秀兰 译

中国纺织出版社有限公司

吉卜力动画里的心理学隐喻，你能看出几个？

扫码激活这本书
获取你的专属福利

扫码获取全部
测试题及答案，
一起通关吉卜力
动画中的心理学挑战

- 《龙猫》中，姐姐皋月用日语汉字写的话就是“五月”，这暗示了开场皋月和妹妹小梅随父亲搬到乡下时，她们的情绪状态是怎样的？（ ）

  A. 亢奋

  B. 舒适

  C. 哀伤

  D. 愤怒

- 《千与千寻》中，千寻骑在龙背上正遨游于天际，突然想起了白龙真正的名字。这段场景有很多种解读，最贴近的心理学解释是（ ）

  A. 标签效应

  B. 自我确认欲求

  C. 普鲁斯特效应

  D. 自我放大欲求

- 《魔女宅急便》中，少年蜻蜓与小魔女琪琪第一次见面时，蜻蜓便对琪琪“一见钟情”了，这其中可能的心理学解释是？（ ）

  A. 首因效应

  B. 对抗心理

  C. 镜像效果

  D. 矛盾心理

扫描左侧二维码查看本书更多测试题

序　言

用心理学揭开吉卜力不可思议的心灵谜底

我深切地感受到：吉卜力动画真是一个“魔法的王国”啊！每部作品都是从一开始就为观众打开一个令人眼花缭乱的世界，之后，观众的心会被紧紧地揪住。紧张的心情自不必说，那种时而让人悲伤不已，时而让人温暖又自豪的感觉，着实让人心潮澎湃。

最令人感到不可思议的是，无论反复看多少遍，观众还是会有新的发现与新的感动。吉卜力动画的世界像迷宫一样深奥，这或许因为它本来就是一个“魔法的王国”。

无论从哪个角度进行探讨，吉卜力动画里最令观众印象深刻的，是那些在各自的故事中大显身手的少女。她们是《龙猫》中的小月和小梅、《魔女宅急便》中的琪琪、《千与千寻》中的千寻、《风之谷》中的娜乌西卡……这些还保留着一份可爱的孩子气、天真无邪的少女，为何能如此打动人心，一下子就扎进观众的内心深处呢？

围绕着这些女主角所发生的那些充满人情味儿的故事，也是吉卜力动画的一大魅力。如《天空之城》中的希达和巴鲁、《幽灵公主》中的珊和阿席达卡、《红猪》中的波鲁克和吉娜、《哈尔的移动城堡》中的哈尔和苏菲、《千与千寻》中的千寻和白龙等，都令观众不禁遐想：这两个人后来怎样了呢？

还有一些角色，如《天空之城》中的穆斯卡和朵拉、《风之谷》中的库夏娜和克罗托瓦、《幽灵公主》中的艾伯西和智子坊、《千与千寻》中的汤婆婆和无脸男等，这些让故事深度大大增加的角色陆续登场。作为主角们的冤家对头，为什么他们却让人怎么也恨不起来呢？难道他们身上也有着不可思议的魅力和魔力吗？

如果将吉卜力动画世界里这种不可思议的魅力放在心理学的视角下来观察，会是什么样的，又会有怎样的新奇发现呢？本书就是基于这样一种期待和好奇而写就的。

心理学始终被认为是打开人类“不可思议的心灵世界”的钥匙。如果确实如此，那么心理学也应该有助于解开吉卜力动画世界里那些不可思议的故事的奥秘吧……

虽然，为了探索吉卜力动画世界的神奇奥秘，我颇费了一番周折，但幸运的是，我的确收获了很多惊喜和新的发现。

我之所以写下这本书，就是希望能够帮助吉卜力动画迷们，以及今后想要欣赏这些动画作品的人们，更加深切地体会这些惊喜和发现。

令人欣慰的是，吉卜力的动画作品人气很旺，喜爱者众多。如果你愿把这本书当作帮助你更好地欣赏这些动画作品的辅助，我将深感荣幸。

目 录

第 1 章

为什么我们会被吉卜力的少女吸引

黑色最能体现女性的魅力了。

《魔女宅急便》

“黑色最能体现女性的魅力”是一种标签效应

小魔女琪琪在刚刚年满 13 岁时，就穿上了象征魔女身份的黑裙子，开始了独立修行的生活。但是大家想一想，13 岁本该是女孩子对恋爱和穿衣打扮都十分感兴趣的年龄啊……

就在这时，有个名叫蜻蜓的少年，对琪琪一见钟情。蜻蜓想创造和琪琪加深感情的机会，于是某天，蜻蜓送来一封信，想邀请琪琪参加派对。

拿到邀请信的琪琪却陷入了苦恼之中。尽管这个邀请对琪琪来说非常有吸引力，但在她看来，自己就像一只穿着朴素的小麻雀，身上只有一件颜色单调的黑色连衣裙，没有其他适合参加派对的漂亮衣裳。

面包店的老板娘索娜听说了琪琪的烦恼之后，说了下面的话：

“哎呀，你怎么会为这个烦恼呢？
你的衣服就很好看啊！
黑色最能体现女性的魅力了。”

故事中，琪琪听到这句话时那种释然的表情，真是令人印象深刻啊！

索娜的话当然具有很强的说服力，其背后的秘密就在于这句话有效地发挥了心理学中标签效应的作用。

什么是标签效应呢？通俗来说，就是当一个人说“你真是个……的人”时，就相当于给你贴上了一个标签。而人们一旦被贴上了某种标签，就会不由自主地按照对方所说的那样去思考或行动。

你是否也有过这样的经历：当听到别人对你说“你的血型是……，所以你……”时，你会自然而然地认为很有道理。特别是说这句话的是你觉得可以信赖的人或者是有较大影响力的人时，标签效应就会更加明显。

故事中，正是因为琪琪非常信赖索娜，所以她马上就接受了索娜的劝告，认为“黑色最能体现女性的魅力”这句话有道理，从而树立了对只能穿黑裙子的自己的信心。

而且，从色彩心理学的角度分析，黑色的确有让人心情沉静的效果，也是非常适合正式场合的一种颜色。另外，黑色不仅对人的心情有影响，从外在来看，对身材也有修饰的效果，能让人看起来更加苗条。所以索娜说得没错，黑色确实是能让女人看起来更加美丽的颜色。

也就是说，索娜的话本身就具备双重说服力。

人脑中的自传式记忆到底是什么

宫崎骏凭借《千与千寻》获得了奥斯卡奖项，从而让吉卜力的作品闻名于世。在这个故事中，主人公千寻穿过森林中的神奇隧道，与父母一起迷失在了异世界里。在那个世界，千寻遇到了曾经身为河神的少年白龙，并在他的帮助下来到了供众神休憩的汤屋打工。

掌管汤屋事务的汤婆婆是一个既贪婪又强势的魔

女。汤婆婆还有一个双胞胎姐姐，叫钱婆婆。钱婆婆从外表到声音都和汤婆婆一模一样，但是两个人的性格完全不同。钱婆婆温柔、沉着，她会鼓励千寻，有着温暖、宽厚的一面。

在故事的后半部分，千寻带着身份不明的无脸男一起乘坐能在海上行驶的神奇电车拜访了钱婆婆，并将从白龙那里得到的“魔女印章”归还给她。

钱婆婆一边给千寻沏茶，一边对她说：“我想帮你，但是你的父母和男朋友白龙的事，都只能由你自己来解决。”千寻听了之后说：“我总感觉好像在什么地方见过白龙。”对于千寻的这句话，钱婆婆是这样回答的：

“曾经发生过的事情是不会忘记的，
我们只是暂时想不起来了而已。”

记忆这东西，本来就有些说不清、道不明。据德国著名心理学家赫尔曼·艾宾浩斯（Hermann Ebbinghaus）的研究发现，人脑的记忆量在一小时内会消失大约一半；一天之后，就会忘记大约七成。可见，对人类而言，“遗忘”实在是家常便饭。身为人脑记忆研究大家的艾宾浩斯也曾说：人类是一种健忘的生物。

而同时，对于新知识的获取，“遗忘”又是非常必要的。每天涌入人脑的信息量极为庞大，如果想要全部记住它们，不管什么样的大脑都会因为容量超负荷而“爆胎”。

虽说人类是一种善于遗忘的生物，但还是会有一部分信息是“一定要记住的”。如果这部分记忆不小心被遗忘了，人们就会像千寻那样感到烦恼不堪。这可以用一个叫作“自传体记忆”的心理学名词来解释。这个术语特指在人的记忆中，对他本人来说具有特别重要的意义、具备自身特点的那部分内容。对千寻来说，“与白龙相遇的记忆”就属于这种内容。因此，在想不起来时，千寻会感到非常郁闷和痛苦。

普鲁斯特效应对人的影响

那么，如何才能唤起人的自传体记忆呢？其中一个办法，就是普鲁斯特效应。

你是否有过这样的经历：当闻到某种香水的气味时，一下子想起了某个特定的人。但明明在你闻到气味前，脑海中并没有任何关于这个人的信息或想法……

事实证明，嗅觉刺激对于唤醒与嗅觉相关的记忆和情感具有极强的效果。

顺便解释一下，普鲁斯特指的是法国作家马塞尔·普鲁斯特。在他的著作《追忆似水年华》中有一个片段，写的就是当主人公闻到泡在红茶里的玛德琳蛋糕所散发的香气时，突然就想起了曾经遗忘的童年时期的记忆。“普鲁斯特效应”一词也由此诞生。

在《千与千寻》故事的结尾，有一个特别令人难忘的片段：千寻终于想起了白龙真正的名字是赈早见琥珀主，而白龙其实是千寻从前居住地附近一条叫作“琥珀川”的小河的河神。

这就是普鲁斯特效应。之所以这么说，是因为在这部动画中，千寻在想起白龙真正的名字之前，出现了这样一个场景：千寻紧紧地骑抱在已经变成龙的白龙背上，在天空中飞翔。

千寻一定是在近距离感受着“白龙的气息”时，才想起了他真正的名字，还有自己当年掉进河里以及被救上浅滩的情景……

为什么人在慌张时会抱住某样东西

“这个周六妈妈就要回来啦！”

“妈妈就要搂着小梅一起睡觉觉啦！”

在《龙猫》这部动画中，小月和小梅姐妹俩鼓着可爱的腮帮子，一边大口吃着邻居奶奶给的黄瓜，一边兴高采烈地说着这两句话的情景，真是让人印象深刻！一想到妈妈要回来了，两个孩子是多么高兴。

但在接到从七国山医院发来的电报之后，姐妹俩就高兴不起来了。因为电报里说，妈妈突然病情加重，临时推迟了回家的计划。

两个孩子忧心忡忡，因为这样的事情过去也发生过。

“妈妈会不会死呢？
如果妈妈死了，我们该怎么办？”

看着平日里一直表现得非常坚强的姐姐小月号啕大哭的样子，小梅把邻居奶奶送给她的大玉米棒子紧紧地抱在怀里，心烦意乱地跑了出去。

小梅的脑海中不断回响着邻居奶奶告诉她的话：

“吃了奶奶地里长出来的东西，
身体马上就会好起来的。”

“对啊，妈妈如果能够吃到这个大玉米棒子，身体也一样会好起来的！等妈妈身体好了，就能回到家里啦！”小梅对此深信不疑。她下定决心要把这个大玉米棒子送到医院去，让妈妈吃到。

但是，小梅并不知道医院在哪儿啊！而且，她听邻居奶奶说过，从家到医院，就算是大人，徒步也要走上 3 小时才能到，何况小梅才只是一个 4 岁的小娃娃！与此同时，姐姐小月发现小梅不见了，赶忙慌慌张张地四处寻找，但小梅早就跑得无影无踪了。

接下来就是众所周知的情节：在小月走投无路的时候，龙猫出现了，它还唤来了龙猫巴士。龙猫巴士开足马力紧赶慢赶，不仅帮着找到了小梅，还把姐妹俩送到了妈妈生病所住的七国山医院。而在这段时间里，小梅一直紧紧地抱着那个大玉米棒子。我在看动画的时候甚至产生了一种担心：抱得那么紧，那个大玉米棒子会不会变质了……

小梅一直不肯放下那个大玉米棒子的原因，从心理学的角度是能找到相应解释的：这表明当时她的内心非常不安。

人们在内心不安的时候，会下意识地抱住一些东西，如书包。“抱住东西”是人类在下意识地保护自己的胸部、腹部这些身体薄弱部位时的本能性动作。在手头没有书包这类东西的情况下，人们有时也会把双臂交叉抱在胸前。

一个人在双臂交叉抱在胸前时，会给他人一种居高临下的感觉。但事实上，从心理学的角度来看，这是一种防御性动作。据说，人们在对周围的环境感到气氛不对时，可能会因为紧张而做出这种表现。

在日常生活中，我们经常能看到有些人抱着包与他人聊天的情景，这些人的内心活动也可以从心理学的角度来解读。正如前文所讲，人类不仅依靠语言来表达情感，动作、手势等非语言行为也能够传达信息。

小梅急切地想见到妈妈，却迷了路，天又慢慢黑了，她的内心当然会非常不安。这时对小梅来说，只有紧紧抱住胸前的大玉米棒子，才能够让她感到些许的安心。

小梅这种不安的心情直到和姐姐小月一起乘着龙猫巴士来到医院，从病房外面的大树上看到妈妈的笑脸时才逐渐消失。小月、小梅和龙猫巴士坐在树杈上，看到了在病房内说说笑笑的爸爸和妈妈。

“我怎么感觉好像看到小月和小梅
站在窗外的松树枝上笑呢？”

听到妈妈这样说，爸爸也向窗外看了看。这时，他发现窗台上放着一个大玉米棒子，上面刻着一行字：“这是送给妈妈的……”

当然，这样的事情是不可能发生在现实世界里的。

那个大玉米棒子，也许只是有人偶然放在那里的，那些刻在上面的所谓文字，也许只是帕雷多利亚现象，也就是他们产生了视觉错觉。类似的现象在日常生活中也会碰到，例如，我们有时会把家中某处木材的纹理看成幽灵或者妖怪，这种情况就可以用帕雷多利亚现象进行解释。

但是在这里，如果我们硬要进行这样一通解释的话，非但没有意思，也显得没有必要。我们更希望将自己置身于这种美好的幻想世界，带着骄傲的感觉，尽情温暖那个内心不安的自己。

自我确认欲求和自我放大欲求

在《风之谷》中，娜乌西卡所居住的风之谷，由于受到从海上吹来的海风的庇护，才得以免受来自腐海的瘴气的毒害。但是，这并不意味着这里的空气得到了完全的净化，事实上，瘴气正慢慢地、如蛀虫腐蚀牙齿般一步步侵蚀着风之谷居民们的身体：娜乌西卡的父亲、族长基尔卧病在床；而那些作为重要劳动力的老人，他们手上的皮肤也逐渐变得像石头般坚硬。

有一天，多鲁美奇亚王国的公主库夏娜率领军队占领了风之谷。风之谷的老人们被当成人质囚禁了起来，但是他们所说的话却完美诠释了什么是“娜乌西卡的话语”：

“我们的公主说她喜欢这双手，
因为这是一双因为勤劳而变得美丽的手！”

在这里，“我们的公主”指的当然就是娜乌西卡。

生活在腐海之滨这一严酷环境中的老人们，无可奈何地把皮肤逐渐石化看作自己的宿命，过着几乎没有希望的生活。但是，娜乌西卡却对他们说："我喜欢你们的手。"而且还说，"这是勤劳者的美丽的手。"

试想一下，听到这样的话语，除非是性格特别拧巴的人，否则谁还会不开心呢？

每个人都有自我认知的欲求，对应心理学领域的两个词语，分别是"自我确认欲求"和"自我放大欲求"。

自我确认欲求是指想要确认自己所了解的自己。例如，自己的长相、性格、强项和弱项等，都是自己所了解的自己。与此相对，自我放大欲求则是指想找到自己所不知道的自己。比如，假设你认为自己是一个生性阴郁的人，但是有一天，有人跟你说："想不到你这个人这么阳光开朗啊！”你就发现了自己阳光开朗的一面。还有一些是你从来没有意识到的自己身上的特点。比如，当别人说你“吃得真干净”时，你才开始注意到自己从不剩饭的这个优点。

那么，哪种欲求得到满足会更让人感到高兴呢？当然是后者。同样都是被表扬，听到那些连自己都没有注意到的事情从别人口中说出，肯定会更开心，因为这更能激发一个人被认可的欲望。

对于老人们逐渐失去自由劳动能力的双手，娜乌西卡反而说：“我喜欢。”而且，她还用老人们自己从没想到的方式称赞了他们，说那是“勤劳者的美丽的手”。所以老人们才会特别感激，并且说：“真不愧是我们的公主啊，和那些一般的什么公主就是不一样啊！”从而越发加深了对娜乌西卡的敬爱之情。

如果你也想夸奖别人，就学学娜乌西卡吧。像她那样，找到对方没有发现的那个特点，然后发自内心地夸奖吧！那些被表扬的人，即便装出一副无动于衷的样子，内心也会是欣喜若狂的。

女性领袖角色的共同人格特点

《风之谷》和《幽灵公主》有很多相似之处。

首先，《风之谷》中的娜乌西卡和《幽灵公主》中的主人公珊分别是16岁和15岁，是同龄人，并且都具有“保护自然”这一共同的使命。其次，喜欢她们的阿斯贝鲁和阿席达卡，也分别是16岁和17岁，年纪相仿。最后，自然界的守护者王虫和猪神乙事主那副勇往直前的样子，也让人感觉很是相似。

而在这两部作品中，更加让我觉得相似的角色是为了把自然改造成人类更容易生存的环境而努力的多鲁美奇亚王国的公主库夏娜和领导达达拉城的艾伯西。这两个人不仅都有着酷美的容颜，连性格和行动模式也如同双胞胎一般，年龄都在 25 岁左右。为把地球纳入囊中，库夏娜想要复活巨神兵，而艾伯西则试图组建一支强大的石火箭队；两人都因对抗自然而遭到了报应，失去了手臂，库夏娜失去的是左臂，艾伯西失去的是右臂；在性格方面，两人都沉着冷静、勇往直前，有时候话语很尖刻，例如：

“烧死腐海，杀死昆虫，恢复人类世界，
你还犹豫什么！”（库夏娜）
“神煞算什么，山兽神也是死亡之神，
不要畏首畏尾。”（艾伯西）

另外，库夏娜是在接纳了站在敌方立场思考的尤帕的谏言之后，才有了命令士兵拔刀相向的勇气；艾伯西则是在一眼看出陌生人阿席达卡的资质之后，才将其作为贵客迎接了进来。

正因为是这样的两个人，部下才会相信并追随吧，也就是说，她们二人都充分具备了作为领导者该有的素质。

你听说过一个叫作“二六二法则”的人力资源理论吗？这个理论说的是，在任何组织里，优秀、能干的人只会占到全体人数的20%，平平无奇的人占60%，而剩下的20%则属于工作消极的人。也就是说，不管是什么样的组织，想把所有成员整合起来都不是一件容易的事。那么，一位优秀的领导者需要具备什么样的素质呢？关于这一点，斯坦福大学的心理学家斯蒂芬·墨菲重松博士[①]列举了以下几条标准，

---

① 斯蒂芬·墨菲重松（Stephen Murphy-Shigematsu）博士是斯坦福大学的日裔美籍心理学家，他的研究领域包括正念、亚洲智慧、科学、同理心和责任感。——编者注

每条满分 5 分，总分 45 分，你也来给自己打个分吧：

①有自信（自尊），能够长期发挥领导能力。

②能倾听不同意见，被下属信赖。

③能够坚定地主张自己的意见和想法。

④诚实。

⑤不轻易责备下属。

⑥有责任感。

⑦被团队需要。

⑧能和不易相处的成员和谐相处。

⑨能够理解大家的期待，并且能够付诸实践。

根据我的打分，无论是库夏娜还是艾伯西，都得到了 44 分的高分，她们几乎完全具备了优秀领导者该有的素质。也正因如此，二人在吉卜力动画迷中的受欢迎度也非常高。

为什么苏菲坦然接受了自己的“老太婆”形象

苏菲是《哈尔的移动城堡》中一个18岁的少女，她在父亲留给她的帽子店工作。

内心谦虚低调、外表清秀美丽的苏菲，有一天在路上遇到了坏人搭讪，就在她不知道该怎么办的时候，主人公哈尔把她救了出来。就这样，苏菲的少女之心也被哈尔带走，整日心猿意马。

然而，正是因为哈尔的关系，苏菲被追杀哈尔的荒野女巫盯上了。她被女巫诅咒，瞬间变成了一个90岁的老太婆。

“嗯……上了年纪的好处嘛……就是变得
不会再一惊一乍的了。”

这是离开城市后，茫然无措的苏菲在第一次进入哈尔的移动城堡时所说的话。

初入城堡，这地方颇令人毛骨悚然，在一片漆黑之中，只能看到壁炉里燃烧的火焰。但是，苏菲可能是因为爬山爬得太累了，挨着火炉边就开始打盹，即便火恶魔路西法开口说话，苏菲也并不觉得吃惊。一般情况下，人们随着年龄的增长，经验也会相应增加，对不同寻常的事情渐渐也就不会感到惊讶了。但是，苏菲是在转瞬之间变成老太婆的，她不感到惊讶的原因，可能是劳累而使感觉变得迟钝了吧。

除此之外，似乎也有好奇心战胜了恐惧的因素存在。变成老太婆之后，苏菲的内心和外表都发生了很大变化。被荒野女巫诅咒之前的苏菲是一个很不起眼的女孩，不知道是不是因为缺乏自信，苏菲的性格谨小慎微，不喜欢抛头露面，但同时她的内心又有着非常勇敢的一面，把保护父亲留下的帽子店当作自己生命的价值。

压抑在苏菲内心深处的欲望

让“自卑感”一词家喻户晓的人是奥地利心理学家阿尔弗雷德·阿德勒（Alfred Adler），而苏菲正是一个充满了自卑感的女孩。

拥有强烈自卑感的人，其特征之一就是遇事容易消极思考。由于他们一直以来对自己所做的事情缺乏自信，因此也会对自己的未来抱有消极的看法。而且，当他们看到那些愉快地享受人生的人时，会下意识地将这些人与自己进行对比，导致自己的心情更加沮丧。

拥有自卑感的人的另一个特征是凡事追求完美，当某件事无法做到时，就很容易对自己做出消极评价，认为自己不行。当他们把想象中理想的自己和现实中的自己进行比较，发现自己无论做什么都无法做到完美时，便又会陷入失落的情绪中不能自拔。

久而久之，拥有自卑感的人便不敢再去触碰那些自己认为无论如何都做不到的事情，尽量选择以免遭伤害的方式生活下去。如果不是在街上偶遇哈尔，苏菲可能会一直像原先那样生活下去。

然而，命运让苏菲与哈尔不期而遇，继而被荒野女巫诅咒，变成了老太婆，也从而使苏菲从“一直以来的自己”中解脱了出来。

老实说，苏菲在成为老太婆之前，实在是太年轻了。对她来说，18 岁是一个沉重的负担，因为她的生活内容与 18 岁女孩常做的事情，像是恋爱、交友、冒险旅行等青春时代的趣事似乎毫无关联。而这个重担也因为她被变成了老太婆而忽然之间没了踪影。得以轻装上阵的苏菲终于能够将之前压抑在内心深处的欲望自由地展现出来了，无论是舍弃一直住惯了的城市踏上冒险之旅，还是顺应自己的好奇心进入哈尔的移动城堡，都是她“心灵的封印”被打开的缘故。

阿德勒的心理学研究倡导，克服自卑感的方法就是接纳不完美的自己。

阿德勒认为，人需要认识并接纳当前不完美的自己，认可并喜欢“想要成长的自己”，从而发现正在一点点成长的自己，只有这样，人的自卑感才会一天天被克服掉。

当苏菲说出“嗯……上了年纪的好处嘛……就是变得不会再一惊一乍的了”这句话时，也就表明她已经接受自己上了年纪的事实，并对当前的自己抱有好感。

也就是说，在进入哈尔的移动城堡时，苏菲就已经开始克服自卑感了。也正是这种心理状态，成为了苏菲解除魔咒束缚的契机，从而引出了故事的圆满结局。

如果你感觉自己也有相同的自卑感，何不像苏菲那样，从接纳不完美的自己开始呢？

为什么我们会一遍遍地想看吉卜力作品

吉卜力动画里的主人公多数是正处于青春期的女孩，这是其特色之一，如下所示：

吉卜力动画中少女的年龄	
《龙猫》中的小月	12 岁
《魔女宅急便》中的琪琪	13 岁
《千与千寻》中的千寻	10 岁

青春期是一个人从孩子成长为大人的重要时期，在这个时期，人的心理和身体会发生剧烈的变化。女孩会因为雌性激素的分泌而变得更加具有“女人味儿”，心理上也会突然变得成熟起来。

那这个时期的男孩呢？他们的特点则是，虽然身体发育了，但心理上的成长却往往出现脱节，表现出幼稚的一面。

青春期常被描述为“惊涛骇浪”或“狂风暴雨”的时期。也就是说，这是一个必须经历并接受自己的内心和身体发生剧烈变化的时期。

正因如此，青春期才容易发生戏剧性的故事。有些孩子会经历初恋，有些孩子会关注时尚，还有些孩子可能会面临霸凌问题。另外，精神不稳定、烦躁不安、与父母产生对抗关系的孩子也会出现。这就是所谓的“叛逆”。女孩因为比同龄的男孩在心理和身体的成长上更快一些，所以她们青春期的叛逆也会来得更早一些。

如果细数那些“青春期会发生的戏剧性故事”，那简直就太多了！而依据这些故事所创作的影视剧本，数量上可以说是汗牛充栋，情节上可以说是跌宕起伏。而且，这样的故事还特别容易引起观众的共鸣，因为那些情节跟观众亲身经历过的事情简直如出一辙。因此，“以青春期孩子为主人公的影视剧容易大受欢迎”，这一点是大家公认的事实。

仅凭这一点，就不难解释为何吉卜力动画的主人公里会有一众青春期的女孩们了，我对此深为赞赏。

青春期是人们开始为自立做准备的时期，也是自我意识开始萌芽的时期。从这个时期起，人们开始试着独立思考，并依靠自己的意识来对事情做出判断。也就是说，青春期是孩子们开始尝试脱离一直被父母保护的角色，在心理上迈出重要一步的时期。这就是心理学上所说的“亲子分离期”。

《龙猫》中的小月因母亲住院而自立心高涨;《魔女宅急便》中的琪琪则是主动走上了自立的道路;《千与千寻》中的千寻本来还不到亲子分离期，但在经历了搬家和转学这两件对 10 岁孩子来说颇具挑战性的大事之后，她的自立心一下子就迸发了出来。

吉卜力动画的创作者们或许也正是凭借这种对青春期女孩在心理活动上的戏剧性变化的细腻描写，才紧紧抓住了众多观众的心。

第 2 章

吉卜力反派角色带给我们的人性启示

不要自作聪明地显摆你那一点点不幸。

《幽灵公主》

穆斯卡没能说服巴鲁源于“反弹效应”

《天空之城》以海盗突袭主人公少女希达所乘飞艇的大场面拉开帷幕。这部作品从一开始，各种动作戏和宏大的场面就接连出现，观众的注意力一下子就被吸引到了银幕上。

如同命运的安排，少年巴鲁和拉普达王国的后裔希达都片刻不得喘息地行走在逃亡的路上。奉政府密令率领军队搜寻飞行石的穆斯卡和海盗首领朵拉对他们一路追赶，他们只能不停地跑，但最终还是被穆斯卡抓住了。

穆斯卡是一个善于掌控人心的人。他想出了一个能让希达按照他的意志行动并追随自己的计划，那就是利用希达对巴鲁的感情，在承诺会保证巴鲁的人身安全并最终释放巴鲁的同时，穆斯卡威胁希达服从于他。

希达哭哭啼啼地遵从了穆斯卡的交换条件，并向巴鲁告别。无法相信希达突然变心的巴鲁想要追上她，却被穆斯卡制止了，他听到穆斯卡说出了这样的话：

“如果你还是个男人，就别再纠缠。”

穆斯卡用这种容易刺激男人自尊心的语言，让巴鲁瞬间退缩了。然后，他把一枚金币放到巴鲁手里说：“这只是一点小小的心意，略表感谢。”看到这里，我们会不由得感到穆斯卡真是个让人讨厌的男人。

吉卜力动画中有好几个让人印象深刻的反派角色，

但彻头彻尾饰演“恶人”的恐怕只有穆斯卡一个。美国心理学家乔治·西蒙（George Simon）把像穆斯卡这种通过利用别人的心理来获取某种利益的讨厌鬼叫作“操纵者”。

巴鲁垂头丧气地回到村子，却怎么也忘不了希达，因为他越是想忘记，就越是思念她。人的这种心理被称为“反弹效应”：你越是有意识地想让自己忘记某件事情、不让自己去想某件事情，反而越会让自己更加意识到这一点，就越是忘不掉。讽刺的地方在于，如果你对某件事采取了“思考抑制”措施，那结果往往会搞得满脑子都是这件事。

1987 年，在美国三一大学进行的一项著名实验便验证了这一点。实验一开始，主导实验的丹尼尔·韦格纳（Daniel Wegner）便向学生们发出了指示：“在接下来的 5 分钟里，请各位不要思考任何与白熊有关的事情。”

实验要求大家可以想其他任何事情，就是不能想白熊。然而，果不其然，越来越多的学生表示越是控制自己不去想，大脑里反而越是充满白熊的画面。

这个实验所证实的就是反弹效应。

在巴鲁身上，反弹效应显露无遗。擅长揣摩人心的穆斯卡似乎也没能认识到这一点。人心这东西，哪里是那么容易掌控的呢？

最后，巴鲁坐上了正在家里等待他的朵拉的海盗飞艇，再次踏上了营救希达之旅。对自以为是的穆斯卡来说，这可真是太讽刺了。

吉卜力反派们如何进行“自我表演”

库夏娜看穿了克罗托瓦的狡诈，并在心里暗暗地说：“哼！这老狐狸！”的确，从体形上看，如果克罗托瓦是只狐狸的话，智子坊就是只狸猫。

这二人的共同点是都很有心机，为了自己的利益，无论是欺骗还是表演，都能做到信手拈来。也就是说，他们非常擅长心理学中所说的“自我表演”，即为了让自己在对方心目中的印象变得对自己有利，从而有意识地对信息的内容和展现方式进行操作。以下几种情况都属于“自我表演”。

启动效应

启动效应是指人们容易根据事先得到的信息，改变对对方的看法。就像丰臣秀吉通过强调自己是“农民出身”，成功地让织田信长对自己高看了一眼；克罗托瓦也通过强调自己是“平民出身”，成功地让库夏娜觉得他“尽管出身平平，却真是个很能干的家伙”。这就是所谓的“启动效应”。

智子坊这个人物之所以在吉卜力动画迷中有着“虽

然是反派角色却让人恨不起来”的人气，估计也是因为首次出场时帮助阿席达卡这一戏份的加持。

晕轮效应

晕轮效应，也被称为光环效应，是指在评价某人或某物时，由于其某个明显的特征，而对其他部分的评价也随之变高或变低的心理现象。

或许克罗托瓦和智子坊之所以愿意追随美丽而有能力的库夏娜和艾伯西，也是因为他们想在这两位女士的光环里，让自己能够被周围的人另眼相看。正如那句老话所说：“背靠大树好乘凉啊！”

自我设限

自我设限这种心理指的是，那种为了在万一失败的情况下保持自尊，而在做某件事之前特意让别人知道自己的不利条件的情况，而实际上这种不利条件往往是自己制造的。

像克罗托瓦所说的“我不过就是个普通军人而已”，还有智子坊所说的“我哪能看得懂那些身份高贵的人和师傅的想法呢”之类的话，就是试图通过贬低自己，向库夏娜和艾伯西表明自己卑微且毫无野心，当然也有麻痹对方、让对方放松警惕的目的。

不过，像这样的“自我表演”在库夏娜和艾伯西那里，却是行不通的。

面部反馈假设

人为地展现某种面部表情，能使脸部的表情肌受到刺激并反馈给大脑，从而产生与这个表情相匹配的情感或情绪体验。这就是面部反馈假设。克罗托瓦和智子坊给人的印象一直都是笑眯眯的，那是因为他们知道，笑会给自己带来好处。

笑能使自己心胸开阔，同时可以向对方展示自己友好、没有敌意的态度，从而让对方放松警惕。不只是克罗托瓦和智子坊，那些给人以“阴险”“狡猾”“爱耍小聪明”印象的人，往往都会进行这样的“自我表演”。

实际上，这种“自我表演”并不是他们这种处心积虑想做大事的人物的专利，无论是谁，只要运用得当，都会有提升个人魅力的效果。

女海盗朵拉的话

《天空之城》的主人公希达是已经消失的拉普达王国的后裔。穆斯卡和希达一样，也是拉普达王国的后裔，但他处心积虑地谋划着一举夺取希达一族传承下来的“飞行石”，梦想成为拉普达国王并征服世界。

从天而降的少年巴鲁计划帮助希达摆脱穆斯卡的掌控。但在路上，他被女海盗朵拉的团伙抓住并捆绑了起来，使巴鲁营救希达的计划变得一筹莫展。

就在这时，朵拉监听到了军方的无线电波，得知希达所乘坐的歌利亚号飞行战舰已经出发去拉普达了，于是她当即决定动身去追赶他们。看到这一幕的巴鲁恳求朵拉带上他，他说：

“阿姨，你能不能让我加入你们，我想帮助希达。”

朵拉曾经一度忽略了巴鲁在这方面的价值，但经他这么一问，朵拉眉头一皱，计上心来。她意识到让为了帮助希达而愿意做任何事的巴鲁加入他们，是个不错的主意。

因此，朵拉随口说道：“40 秒内做好准备！”

巴鲁根据朵拉的指令迅速做好了准备，并与他一直饲养的鸽子们告了别，登上了海盗们的虎蛾号飞艇。

那么，让我们来思考一下，朵拉为什么会设定“40秒”这么一个不上不下、略显怪异的时间呢？像是“1分钟”“10分钟”之类的，不是更好分辨，也更容易计算吗？

朵拉的记忆偏差

《天空之城》中的女海盗朵拉这个角色特别有个性，甚至可以说是这部作品的“影子主角”。她有不少让人印象深刻、十分打动人心的台词，例如：

“别说什么‘不需要宝物啦’
‘想确认拉普达的真相啦’这些废话，

坐上海盗飞艇这事本身就说明你动机不纯。”

“我可不想听你那些所谓的伤心事。赶紧想办法！”

（看到巴鲁勇敢的举动）
“嗨？才一转眼就变成男子汉了！”

这其中，还有让自己的儿子们瞠目结舌、不知如何作答的台词：

“这姑娘和我年轻的时候一模一样，
如果你们想娶媳妇的话，就要娶这样的。”

朵拉之所以说希达“和我年轻的时候一模一样”，是因为她欣赏希达为了帮助巴鲁，宁愿牺牲自己的气魄。朵拉认为这种精神与自己年轻的时候一模一样。

但朵拉的语气里透露出“不仅是这种气魄，年轻时自己的容貌也和希达一样漂亮”的意思。所以，儿子们露出了惊讶的表情。其中一个儿子更是不由自主地脱口而出：“那个女孩会变成妈妈的样子吗？”

不愧是朵拉，直接无视了儿子的问题，只顾着喝酒去了。

朵拉会这样回想年轻时候的自己，也是一种自然而然的反应。这里有一个心理学解释叫作“玫瑰色的回忆”，属于认知偏差的一种。认知偏差是任何人都会有的一种思维偏差；玫瑰色的回忆指的就是人们在回忆过去的事情时，会有意无意地把事实加以美化的现象。

我想多数读者还是很容易理解这种现象的，我也有过类似体验。

人们之所以会下意识地美化过去的记忆，往往基于以下原因：

- 人们往往倾向于忘记已经发生的不好的事情，从而使相对具有美好印象的记忆被过滤后留了下来。
- 如果把以前的自己和现在的自己进行比较，当然是以前的自己更年轻、更漂亮。所以，人们就会更加怀念年轻的时候。
- 人们希望肯定自己过去所做的选择和决策。因此，会对过去所做的事情做出更好的解读。

这些都是很让人信服的理由。朵拉是一个豪爽的人，既有对金钱的欲望，又充满了力量。她会有意无意地对曾经的自己做一些自以为合适的美化，也可以说是她的一种能力吧。

我们不妨看看挂在朵拉卧室墙上的那张她年轻时候的肖像，那也真是出乎意料地漂亮啊！因此，也许朵拉本人并没有意识到那句话是对过去的自己的美化……

顺便说一句，据说就是这个朵拉，还是宫崎骏导演心中“最有心机”的角色呢！

把意外性作为核心的“引起注意法”

关于“40秒”这个疑问，如果朵拉也研究过心理学，她可能会说：“这就需要用到‘引起注意法’了！”

那么，让我们先来了解一下“引起注意法”到底是个什么东西吧！

在心理学中，“引起注意法”指的是，当一个人提出具有意外性的、能引起对方兴趣的建议或请求时，能提升对方接受其建议或请求的概率。

“1 分钟”或“10 分钟”之类的说法可以说是一点新意都没有。然而，即使是那些在听到“1 分钟”或“10 分钟”的要求后丝毫提不起兴致的人，当听到对方说“40 秒”这种不同寻常的时间设定时，脑子里可能都会下意识地反应：“那得赶紧了，要不就赶不上了！”

“引起注意法”在有名的乞讨模拟实验中已经得到了证实。实验的结果表明，与向路人请求“请给我点儿钱”相比，用准确到零头的数字如“请给我 37 美分”这种具体的说法，更能成功地让路人慷慨解囊。因为在这种情况下，被请求之人也许会想：“为什么恰好是要 37 美分呢？听起来这些钱对他来说一定很重要！那就给他吧。”

朵拉是一个头脑敏锐、经验丰富的女海盗，身为女人，她竟能随心所欲地使用火炮，同时信心满满地抚育着儿子和其他孩子。她一定在生活的历练中获得了如何让人立刻行动起来的诀窍吧。

顺便说一句，如果我是朵拉，也许会这么说：“那怎么还不赶紧做准备？”

巴鲁听了这句话一定会大吃一惊。这时再紧接着跟上这么一句：“只带上你需要的三样东西即可！”

估计这两句话一说，“引起注意法”就会立马发挥作用。大家想一想，巴鲁会不会马上行动起来，开始寻找自己认为最需要的三样东西呢？

使外表反映内心年龄的魔法

《哈尔的移动城堡》充满谜团，例如，被荒野女巫变成老太婆的苏菲，为何能在不知不觉中时不时地返老还童？更令人感到不可思议的是，这种变化还不尽相同，根据不同的情况，有时她会年轻 10 岁左右，有时甚至会完全恢复到原本的年龄。但是，诅咒的效力似乎并没有消失，因为苏菲很快又会恢复老太婆的模样。

对苏菲施以诅咒的当事人荒野女巫却说了这么一句话：

“我也是一个被施了诅咒，
却无法解除诅咒的魔女。”

这么说来，苏菲所受的诅咒又好像不是她干的。

一个可能的解释是，其实苏菲并没有真的被诅咒成为老太婆吧。我猜测，荒野女巫所施的应该就是那种能够“使外表忠实地表现自己的心理年龄”的魔法。

事实上，尽管苏菲正处于 18 岁这样一个如花似玉的年龄，却因为内心深处对自己身负长女责任的认知，在还没能来得及尽情挥洒美丽青春之时，就接下了继承父亲帽子店的重担。而且，也许是因为对自己的容貌没有自信，苏菲从来不化妆，也不打扮，一天到晚忙着在店里做帽子。

心理学上有一个名词叫作“自尊情感”，指的是一个人认为自己有价值、值得他人尊敬的一种感觉。自尊情感高的人，人生态度很积极，有挑战各种各样事物的欲望；相反，自尊情感低的人，人生态度则表现为胆怯，即使有时候想挑战一些事物，也会很快表现出想要放弃的倾向。苏菲一开始就属于自尊情感偏低的女孩。

自尊情感低就代表挑战欲望低，也可以说是心理年龄不再年轻、不再充满活力的一种状态。我们是不是可以这样想像当时的情况：荒野女巫在看穿了苏菲的心理不再充满活力的事实后，就对她施以了“使外表忠实地表现自己的心理年龄”的魔法。所以才会出现，当苏菲的自尊情感持续低落时，她就是老太婆的样子；当她稍微找回一些自信，自尊情感提升之后，她的心理年龄就会变小，外表也就随之变得年轻了。

有一个场景很好地展现了这种变化。那就是当苏菲被哈尔邀请到他那五颜六色、百花齐放的美丽草原上做客的时候，因为受到哈尔的特别对待，苏菲的自尊情感不断提升，外表也就变得越来越年轻；然而，当她说出那些“我不漂亮，只会打扫打扫卫生什么的……”这种自轻自贱的话时，就又变回了老太婆的样子。

让思考成为现实的“自证预言”

其实，这种因内心状态而使外貌发生改变的现象，并不仅仅存在于幻想世界的故事中，现实世界中也时常会发生。观察一下成年以后参加同学聚会的人，留意一下他们的脸。你是不是经常会有“这位与实际年龄大致相当”“这位总是能够保持年轻”“那位也太显老了”这些截然不同的感慨呢？可以想象，“太显老了”的那位，应该属于那种经常会把“已经不再年轻啦”或者“年纪大啦”之类的话挂在嘴边的人。

在心理学上，有一个名词叫作“自证预言”，指的是即便在一开始是一句毫无根据的预言或想象，如果说出预言的人对此深信不疑，经常把它挂在嘴边并不自觉地付诸行动，那么事情就有可能会向着预言的方向发展，最终成为现实。

那些看起来比实际年龄大的人，实际上是人为地让自己的“老化时钟”变快了；而那些看起来年轻的人，则是因为对自己的人生态度较为积极，所以不仅不会让“老化时钟”变快，反而可能会让它倒转。

在故事的后半部分，苏菲勇敢地行动起来，保护起有点不靠谱的哈尔和稻草人菜头，以及哈尔的小徒弟马鲁克和失去了魔力的荒野女巫。在这个过程中，她的外表也逐渐变得年轻起来。最后一幕，她更是变成了一位活泼美丽、熠熠生辉的女子。同时，故事也暗示着苏菲将与哈尔甜蜜地走到一起。

艾伯西的“公正世界偏见”心理

“不要自作聪明地显摆你那一点点不幸。”

这是在《幽灵公主》中，达达拉城的女首领艾伯西对阿席达卡说的一句话。“自作聪明”这个词给我留下了非常深刻的印象。

所谓的“一点点不幸”，指的是阿席达卡那“被诅咒的右臂”。

在故事里，阿席达卡为了保护自己家族的村庄，向来袭的魔祟神射了一箭。作为被夺去生命的替代惩罚，他被施以诅咒。为了阻止“幽灵公主”珊和艾伯西的决斗，阿席达卡挤进她们中间喊道：

“你们看看吧！这就是潜伏在我身上的仇恨与怨念！
这是一种诅咒，它会腐化人的肉体，
召唤死亡之神的到来。
不要再把自己的身体交给仇恨了。”

但在艾伯西看来，阿席达卡的行为是粗鲁无礼的。

自己好不容易找到亲手杀死宿敌珊的机会，他却偏偏插手了这件事，而且还想用自己的不幸来说服她，真是太可悲了！这难道不是在试图博取同情吗？

但是，洁身自好、正义感强烈的阿席达卡完全没有这样想。他只是在想尽一切办法解救珊和艾伯西。

那么，为什么艾伯西就是不理解阿席达卡的这种心情呢？

有一个成语叫“因果报应”。这是一句来自佛教的话，说的是“人在前世和过去的所作所为都会有报应，会由此产生各种各样的不同结果”。日常生活中，当一个人遇到不好的事情时，可能会在不经意间打趣说：“这是不是前世做了什么坏事遭到的报应呢？”这其实就是带有“因果报应”的心理反应。

心理学上也有一个意思相近的名词叫“公正世界偏见”。这个词有点晦涩，如果换作简单易懂的方式来表达，说的就是“可怜之人必有可恨之处”这种因果报应的心理。或许艾伯西也有这种心理。但是，这种想法有时会给人带来偏见和歧视，所以需要多加注意。

在珊的眼中，艾伯西是一个不可饶恕的人，因为她制造了一种对自然有强大破坏力的杀人工具。但是，在达达拉城工作的人们看来，艾伯西又是一位给予了他们“生存希望”的值得信赖的女性。

艾伯西这个人物就是一个生活在“不能简单地以善与恶来划分的世界”中的角色。她其实是个很难对付的女人，但是，偏偏有很多人觉得她极具魅力。

人被剥夺名字后，
就无法保持“自我同一性”了吗

千寻穿过森林中的奇妙隧道，误入了异世界。之

后，在白龙的指点下，她来到汤屋，恳求汤屋的主人汤婆婆雇用她。千寻一遍遍地大声喊着：

“请让我在这里工作！”

由于千寻的声音很大，又不停叫喊，所以惊醒了汤婆婆溺爱的儿子坊宝宝。坊宝宝哇哇大哭了起来。

一开始，汤婆婆似乎不愿意雇用千寻，她一个劲儿地嘟囔着“哎呀，太麻烦了”，同时漫不经心地命令千寻在合同上签字。但是，当看到合同上写着“荻野千寻”这个名字时，汤婆婆的态度一下子变了。她一面说着“好奢侈的名字啊”，一面用魔法把名字中的“荻野”和“寻”几个字去掉，蛮横地对千寻说：

“从现在起，你的名字就叫小千了。”

其实，通过侵占别人的名字来控制对方是汤婆婆的常规操作。当看到这一幕时，我立刻想到了一个至今仍备受热议的心理学实验。

做这个实验的是斯坦福大学的心理学家菲利普·津巴多[①]，他因“斯坦福监狱实验”而广为人知。他做这个实验的目的就是想要证明“人会根据所处的地位和状况而改变其在生活中的行为”这一观点。

津巴多利用报纸、广告等途径召集了部分大学生被试者，并承诺付给他们实验报酬。结果，大约有 70 人前来参与实验。除去有犯罪记录和吸毒史的人，研究人员对其余的人进行了简单的心理测试，最后留下了 21 名普通大学生作为被试者。然后，又通过投掷硬币的方式，将这 21 个人分成“看守”和“囚犯”两

---

① 菲利普·津巴多（Philip Zimbardo）是当代广为人知的心理学家，他在《津巴多口述史》（*Philip Zimbardo: An Oral History*）一书中完整追溯了自己 50 年来的教学和研究经历。该书中文简体字版已由湛庐引进并策划、浙江教育出版社 2021 年出版。——编者注

个小组。

扮演囚犯的学生们从“被逮捕”开始，就被要求脱光衣服喷撒灭虱喷雾，然后穿上简陋的连体式囚衣，脚上还绑了一条沉重的铁链。之后，他们被送到一个临时的地下牢房。直到此时，他们仍然兴高采烈。气氛真正发生变化，是从他们被分配了囚犯号，并禁止用自己的名字互相称呼开始的。

后来，“囚犯”们在回忆中说：“因为‘名字’变成了‘号码’，我觉得不仅行动自由被剥夺了，就连自己的身份，即自我同一性也被剥夺了。”

同时，担任“看守”的学生则被发放了制服、警棍和太阳镜。虽然要求他们“绝对不允许体罚犯人”，但这一禁令很快就被打破了。得意忘形的“看守”们开始兴致勃勃地命令“囚犯”们做俯卧撑、打扫厕所。之后，体罚行为变得越来越严重。其中一个最初还奋力反抗的“囚犯”，后来也逐渐失去了抵抗的动力，每次被粗暴地叫到号码时，都会瑟瑟发抖、萎靡不振。

结果，原定12天的实验，进行到第6天就不得不终止了，因为扮演囚犯的学生们再也支撑不下去了。

这是一个几十年前进行的实验。如果放在今天，从伦理上来说，是绝对不可能做到的。尽管如此，我们还是可以从这个实验中学到很多东西。其中之一就是对保持作为自我身份标志的“名字”的重要性的认知。

汤婆婆可能正是因为了解这一点，才会想到把自己想支配的人的名字夺走。细想起来，被剥夺名字岂止有点可怕，那真是相当可怕啊！

和千寻一样被汤婆婆夺去名字的白龙认真地给千寻提出了建议：

“虽然平时只能叫你小千，
但一定要把真名牢牢地记好了。”

他之所以这样说，大概是因为他通过亲身经历，早已明白了只有牢牢记住自己的真名，才能握紧“逃离不可思议世界的钥匙”这个道理吧。

而且，白龙想起自己名字的场景虽然算不上“顿悟”[①]，但龙的鳞片闪闪发光的样子，真是让观众充分感受到了故事主人公“终于找回了自己名字”的喜悦之情。

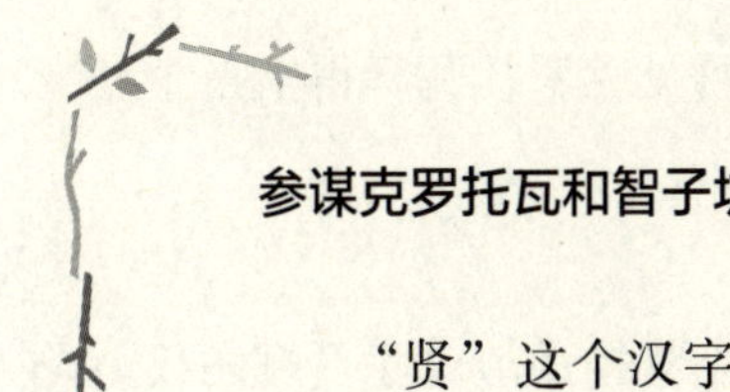

参谋克罗托瓦和智子坊谁更狡诈

“贤”这个汉字在日语中有两种训读方

① 原书中的这个词引申自日语的“目から鱗が落ちる”，直译为“有鳞片从眼睛里落下来，恢复光明”，引申义为“顿悟、茅塞顿开”。这里也有利用关联手法暗示白龙本身作为“龙神”身份的意思。——译者注

式[①]，一种比较常见，一般被理解为“头脑敏锐、聪明”，另一种则会在基础含义上附加“精明、狂妄、狡猾”等负面含义。

在吉卜力动画中，就经常能见到这种兼具“聪明”和“狡猾”特点的角色登场。其中一个就是《风之谷》中作为库夏娜参谋身份登场的克罗托瓦。他虽是平民出身，却在 27 岁这样的年纪就如此出人头地，成为王族成员、司令官库夏娜的左膀右臂，自然被公认为相当有能力的人物。事实上，库夏娜也十分认可他的优秀，可见克罗托瓦算得上是个相当“聪明”的人。

但同时，克罗托瓦却对库夏娜的权力虎

① 日语中的汉字往往有音读和训读两类读音，而且有些字会有多个音读或训读发音。这些不同读音所代表的意思往往相同或相近，但有时也会大相径庭。此处所说的两个发音均为训读，但意思有所不同。这和汉语中的多音、多义字颇为相似。——译者注

视眈眈，伺机取而代之。可见他也的确算是一个“狡猾”的人。

库夏娜虽然看透了他的野心，却仍然把这个男人放在了身边，这应该是库夏娜在权衡利弊之后做出的冷静而明智的抉择。从这件事就可以看出，在胸襟大小这方面，库夏娜比克罗托瓦可不只强了一星半点呀！

与克罗托瓦有着相似特点的是《幽灵公主》中的智子坊。

智子坊这个矮矮胖胖的人物，乍看之下是个人品相当好的男人。他不仅拥有丰富的生存知识和经验，厨艺也相当了得。他还机智地帮助了因不懂得如何在市场上购物而发愁的阿席达卡，算是个相当“聪明”的男人。

不过，这些都只是表象。随着故事的发

展就会发现，在这些表象背后，智子坊还是一个相当大的阴谋家。智子坊所归属的那个叫作唐伞连的组织，把目标瞄向了森林的守护神——被认为具有长生不老之力的山兽神。为了达到这个目的，他一直处心积虑地想利用达达拉城的女头领艾伯西。

但是，在分辨人情世故这一点上，艾伯西也毫不逊色。她并不信任智子坊。她之所以能在与宿敌幽灵公主珊以及白狼神莫娜的对决中占到优势，也正是因为她做好了与智子坊这个狡诈男人联手御敌的准备。

第 3 章

为什么有些场景会那么清晰地印在我们心里

我打赌，当我在这个花园里的时候，如果他（波鲁克）来找我，这次我一定会爱上他的。

《红猪》

“必须给人留下美好的第一印象”的心理分析

《魔女宅急便》讲述的是一个 13 岁的小魔女琪琪，遵照魔女世界“到了 13 岁就需要离家修行一年”的惯例，到外边的世界奋斗的故事。

琪琪一直在寻找她梦想中的城市，作为自己独立生活的起点，那应该是一座“能看见大海的大城市”。当她终于发现了一个与想象中非常吻合的地方时，马上兴高采烈地从天而降。这个时候，琪琪对自己说的话是：

“要笑起来！必须给人留下美好的第一印象！”

琪琪之所以这样暗下决心，也是因为妈妈琪莉给了她这样的建议：

“别拘泥于形式，最重要的是你的内心。
而且，永远不要忘记展现你的笑容。”

可能这是琪莉基于自己既是母亲，又是魔女前辈的身份，把自己第一次独立生活的亲身体验传授给了琪琪。也许她的经验就是：露出发自内心的笑容，比起按部就班地按照礼仪拘谨地打招呼，更能够给对方留下好的印象。

的确，第一印象非常重要。在这方面，微笑显得尤为重要。这在心理学上被称为“首因效应”。首因效应的提出者、心理学家所罗门·阿施（Solomon Asch）通过实验，证明了人们在最初看到并感受到的印象，最容易在记忆中固定下来，而且这种印象会持续影响其对这个人今后的评价。反过来说，如果一个人给别人留下的第一印象不好，可能会在之后很长一段时间里一直被讨厌。所以，最好给人留下好的第一印象。

那么，为什么第一印象会持续影响他人对自己今后的认知呢？心理学普遍认为原因在于“确认偏见”。所谓确认偏见，指的是人们一旦对某种东西形成一定的印象，就会倾向于关注与自己所持印象相一致的信息，而忽略与之不一致的信息。也就是说，当你觉得“这个人很棒”的时候，你就总是会看到他的长处，即便偶尔看到对方暴露出的缺点，也会无视，甚至给出“就是因为这些缺点，才显得他很有人情味儿，我很喜欢”这种很高的评价。

人在恋爱初期多半会表现出这个倾向，也是源于确认偏见的影响。

如果想让首因效应更好地发挥作用，那就和前面提到的晕轮效应配合使用好了。晕轮效应是指在评价某人或某物时，由于其显著的特征、地位等而忽略甚至歪曲其他评价内容，使评价变高或变低的一种对人产生认知偏差的现象。

例如，同一个人在穿着医生的白大褂和穿便服出现时，不仅会给人以截然不同的印象，就连他自己对别人的态度也会有所不同。就好像仅仅因为穿上了白大褂，自己就能感受到特定的影响，对别人的态度也不由自主变得不一样了。

首因效应和晕轮效应的双重作用

真正体验了晕轮效应的，是亲眼看到琪琪从天而降的少年蜻蜓。蜻蜓是一个戴着大黑框眼镜、穿着红白条相间 T 恤的少年，让人印象深刻。他对在天空中飞翔有着强烈的憧憬。

就是在这样的少年面前，一个笑容满面的可爱少女，身穿象征魔女的黑衣，骑着扫帚飞来。这样的场景可谓冲击力十足，蜻蜓对她一见钟情，正是首因效应和晕轮效应双重作用的结果。

在那之后，蜻蜓亲昵地和琪琪搭话，在她面前和朋友一起开着车兜风，这些表现虽然让他看起来像是个略显轻浮的小男生，但正是这种对人亲近、热情的可爱性格，使他在小城里颇有人缘。

另外，蜻蜓还是一个曾经尝试给自行车装上螺旋桨，希望能在天空中飞翔的浪漫少年。而且，当他喊琪琪“小魔女”时，虽然琪琪表现得稍微有些冷淡，但他丝毫不感到气馁。

日语中，“マメ（认真）”如果用汉字来写的话，应该写作“忠实”二字。蜻蜓就像这两个汉字一样，是一个“忠实而勤勉的男孩子”。也正是因为蜻蜓这种坚强、勇敢的形象，才得到了吉卜力动画迷们的忠实拥护。

为什么我们对喜欢的人会“刻薄”

住在小月和小梅家隔壁的勘太是小月的小学同学。

勘太不太擅长和女孩打交道，而且还是个容易因过于在意对方，而使言行变得拘谨、生硬的男生。勘太对从城市搬来的小月非常关心，又是个正处于青春期的男孩，对小月自然有一种说不出的好感。但是，由于担心自己的这种心思被小月察觉而觉得难堪，因此勘太对小月的言行反而变得更加粗鲁，有时甚至会故意刁难她……于是，我们看到，在故事中，勘太对着小月这样喊：

“喂……你家的房子，是个鬼……屋……！”

勘太的这种心理，在心理学上被称为“反向形成”，属于弗洛伊德提出的心理防御机制之一，指的是人们为了隐藏自己的本意，有时会选择做出与本意相反的行动。

请你回想一下，自己是否也有过明明对对方有好感，却做了以下行为的情形：

- ◆ 在朋友聚会上故意无视某个人，只和其他人聊天。
- ◆ 好不容易等到对方跟自己说话，却不知为何采取了回避的态度。
- ◆ 对朋友说“那个人真奇怪”等坏话。

以上无论哪一种情形，都是源于在乎对方而采取的行动。但这种反向形成的发生，却说明做出这种行为的人还没有做好爱上对方的准备。

初恋对象之间经常会出现这种反向形成的心理。如此看来，小月可能就是勘太潜意识里的初恋对象。

一般来说，反向形成的发生与不想让周围的人知道自己对某人怀有好感的心理有关。特别是男孩子，现实中那些为了隐藏自己对所喜欢女孩的好感而故意躲得远远的，甚至恶意攻击对方的情况的确时有发生。但是，如果男孩像这样故意刁难女孩，或者对其态度冷淡，多数情况下会让对方误解。这样一来，好不容易萌发的恋情，也就只能无疾而终了。

心理学上有一个名词叫“报复心理”，指的是一个人如果被刁难了，就会出于想要报复的心理而刁难对方。这样看来，故事中的小月对勘太不客气地回了一句“大坏蛋……”，也是情理之中啦。

但是，事情也不尽然。故事中还有这样一个令人莞尔一笑的场景：在放学回家的路上突遇暴雨，勘太把自己的伞塞给了在地藏菩萨庙房檐下躲雨的小月和小梅后，慌慌张张地跑了。这时，小月大声喊道：“勘太，你也被淋到了呀，快点跑！”

幽灵公主的矛盾心理

《幽灵公主》是以“人与森林能否共存”这样一个沉重话题为主题的作品。故事讲述的是人类与自然神之间发生的事，人类中有由白狼神莫娜抚养长大的少女珊，一直以成为族群首领为使命而接受教育的性情孤傲的少年阿席达卡，以及掌控着达达拉城的艾伯西；自然神包括魔祟神、山兽神、森林精灵等。

在故事的最后一幕，珊告诉阿席达卡：

“我喜欢你，但是，我不能原谅人类！”

珊从心底信任阿席达卡，而且似乎也从未憎恨过他。但是，她无论如何也不能原谅那些想要破坏森林的人。所以她也不知道该如何处理与作为人类一员的阿席达卡之间的关系。

珊的这种心理状态被称为“矛盾心理”。这个词源于德语，是瑞士的精神科医生欧根·布洛伊勒（Eugen Bleuler）首倡使用的。

“矛盾心理”指的就是像珊那样，心中同时存在两种对立的思维和情感状态。如果一个人出现这种状态，就会变得无法确知自己的真实感觉，从而陷入思维混乱。

以下这些心理状态就属于典型的矛盾心理：

- “我爱吃甜食，最喜欢吃蛋糕。但是，吃蛋糕会发胖，所以现在我并不想吃。可是……”
- “我是这个人的影迷，可是我不赞成其他影迷的观点，所以我不能去声援他们……”

◆“虽然已经不想见面了，但是心里似乎还是期待能再见到他……”

阿席达卡让人心动的建议

人心其实并不能简单地做到一分为二、非黑即白，有时会同时拥有两种相反的想法或情感，那也是再正常不过的事情。如果一定要强行要求其明确到底是怎么想的，被要求的一方就会感到心理矛盾、混乱，有时甚至会觉得反感。

在这一点上，面对陷入了矛盾心理的珊，阿席达卡的反应从心理学角度来看是合格的，甚至可以说是非常出色的。因为，对待处于矛盾心理状态的人，应对的铁律只有一条，那就是先做到共情和容忍。当珊对阿席达卡明确说出“我喜欢你，但是，我不能原谅人类”这句话时，阿席达卡对此感同身受，并且用一句“这没关系的”表示了他的容忍。而且，阿席达卡还给珊提出了一个更容易让她接受的建议：

“我们可以分开住，
你住在森林里，我住在达达拉城。”

而之后的台词也非常令人心动：

“让我们一起面对生活吧，
我会骑着雅克尔[①]去找你的。”

两个人虽然分开生活，但同时又保持着适当的守护距离，这样自然会让珊感到心安。能够说出这样贴心的话语，应该也是阿席达卡深受吉卜力动画迷们喜

---

① 雅克尔是阿席达卡的坐骑羚角马。——译者注

爱的重要原因之一吧。

增加亲密度的镜像效果

在《天空之城》的剧情高潮之处，被穆斯卡逼到王座缝隙之间的希达和巴鲁突然之间顿悟了。两个人齐声念起了咒语，这是希达从奶奶那里继承下来，却被警告“绝对不能使用”的语言，是“亡灵的咒语”。两人互相紧握对方的双手，包裹住飞行石的吊坠大喊：“巴鲁斯！”

于是，吊坠和位于天空之城拉普达中心部位的巨大飞行石开始交相辉映、光芒四射，同时，拉普达开始崩塌。穆斯卡被突如其来的闪电击中了双目，然后被倾泻而下的瓦砾埋到了下面。希达和巴鲁也被炸飞，但他们幸运地被大树的根部包裹住，并没有生命危险。

这个壮观的场面也是《天空之城》的一个高光镜头。当二人在千钧一发之际，与从停泊在拉普达的飞行战舰歌利亚号逃出来的朵拉他们重逢时，相信那些被故事情节深深吸引的观众也都长舒了一口气。我也是如此。

这之后的剧情告诉大家，“巴鲁斯”的确是导致天空之城走向毁灭的死亡咒语，但同时也是这座城的重生咒语。因为崩塌的这一部分，只是拉普达人为了攻击地球而后来建造的部分。崩塌之后，拉普达以大树为中心的主体部分仍然保存完好。卸下了沉重铠甲、轻装上阵的天空之城拉普达，则继续高高地飘浮在空中。

这里希望大家注意一点，这个最强咒语“巴鲁斯”不仅具有让天空之城崩塌并得以重生的效果，同时，希达和巴鲁合力齐声喊出同一句咒语所产生的镜像效果，也成了二人关系的纽带，让他们的关系更进了一步。

人类天生就容易对与自己相似的人或事物产生好感。所谓镜像，就是指像在镜子中的影像一样，对对方的语言或动作等进行模仿。这样做会使二者之间的亲密度发生质的提升。结婚戒指的作用之一就是让戴上相同戒指的两个人产生镜像效果，促使情侣之间的亲密度进一步加深。

这种镜像效果也有助于与人建立良好的人际关系。例如，如果对方笑得很开心，你也同样笑起来；当对方露出悲伤的表情时，你也同样表现出悲伤的样子，这样做自然就会提升你在对方心中的好感度。所以，为了建立良好的人际关系，人们会自然而然地活用这个简单易行的好办法。

因此，镜像效果对同心协力、齐声念出咒语的希达和巴鲁起了作用。两人未来的关系，也一定是光明的。

波鲁克与吉娜之间的恋情是永远的谜

“和吉娜打赌的结果，
那是只有我们自己才知道的秘密……”

这句台词是《红猪》故事结尾处，飞行器设计工程师菲奥的自言自语。

从主人公“红猪”波鲁克·罗梭和对手唐纳德·卡地士的决斗开始，时间就在不断地流逝，世界也一直在发生着变化。斗转星移，天空中的飞行器也已经到了由喷气式飞机取代双翼机[①]的时代。

从天空中看起来小小的、漂浮在蓝色大海中的是亚得里亚海饭店。时代虽然变了，但菲奥仍然健在，用她的话说就是：

“吉娜越来越漂亮了，
老朋友们也还能常常来往。”

那么吉娜到底多大了？60 多岁？不，还是别问了，谈论女性的年龄是很不礼貌的行为。

菲奥很享受在亚得里亚海饭店欢度暑假的时光，她每年都亲自驾驶一艘装载着喷气式发动机的飞机来这里。但是，大家有没有注意到一个细节，那就是她的飞机好像只能坐一个人。为什么总是一个人坐呢？想到这里，对于菲奥 17 岁之后的人生，我们就有了各

① 上下有两叶以上主翼的飞机。

种各样的想象，并且总会在不知不觉间把她想象得非常坚强。

先把问题放在一边，让我们看看故事中“和吉娜打的赌”到底是什么。在这部动画中，宫崎骏是借吉娜本人之口说出了下面这句话：

“我打赌，当我在这个花园里的时候，
如果他（波鲁克）来找我，这次我一定会爱上他的。”

这个赌的结果到底是怎样的呢？波鲁克究竟是去了，还是没去？这成了菲奥和吉娜两个人的秘密。

电影到这里戛然而止。唉，这到底算是个什么结局呢？看到这里的观众们，是不是会对这个秘密的答案念念不忘？

这就是所谓的余韵犹存。在从电影院归来的路上，一起看电影的人们会不会就这个秘密的话题聊得热火朝天？这也一定是导演所期望达到的效果。只要能成为观众的话题，电影就可能会通过他们的讨论得到广泛传播。

这种希望揭开谜底的心理，在心理学上被叫作“遗憾心理”。这种剧情设计真是让人爱恨交织呢！

话虽如此，但我想，也正是因为这种两人之间的秘密，才使菲奥和吉娜的友情更加深厚了吧。

说出自己的秘密是一个很不寻常的行为。首先，需要对方是那种值得信赖的人，而且是本人希望今后能够与之长期交往的人；其次，这个人还应该是个嘴巴比较严的人。

同时，被吐露秘密的一方也会在内心深处认为“自己被这个人信任”，因而会激发出被认可的荣誉感，而且会因为自己的一切都得到了对方的肯定而觉得欣慰。

故而，一般人在听到对方向自己吐露秘密时都会在心里暗暗发誓：“我一定不能背叛这个人，一定要保守这个秘密。”

在心理学上，这叫作“秘密的共有”。如果有了共同保守的秘密，两个人的关系就会变得更加牢固。只要没有意外发生，这个秘密就不会被泄露。把吉娜和波鲁克之间这种成人之间恋情的走向作为一个永远的谜保留在心中，也许更适合这个故事。不管怎么说，吉娜自己是这么说的：

“在这里生活，比在你的国家，更复杂一些。”

波鲁克和菲拉林展现男人之间的深厚友情

人们在欣赏《红猪》时，往往会把焦点放在波鲁克、吉娜以及菲奥三个人身上，其实这还是一部成功描写了男人之间深厚友情的优秀作品。这种友情表达的具体体现，就在波鲁克曾经的战友菲拉林身上。菲拉林是波鲁克在空军服役时的战友，后来成了意大利空军的少校。从他喊波鲁克“马可”也可以推测出两人既是战友，也是知心朋友。对于在战争中失去了很多朋友的波鲁克来说，菲拉林不仅是同甘共苦的战友，也是彼此了解过去的珍贵存在。

就是这个菲拉林，在波鲁克到米兰保可洛公司修理被卡地士击落的飞机时首次登场。波鲁克走进电影院，然后菲拉林也来了。看到这里，总给人一种似乎波鲁克已经暗中和他约好了在那里见面的感觉。菲拉林警告波鲁克，他在被政府当局追捕，并建议波鲁克返回空军。他非常担心波鲁克，尽管波鲁克的飞行技术可以说是空军中最好的，但他变成了猪的样子，还被指控犯下了无中生有的罪行。

对此，波鲁克只说了一句：“老子得靠飞行来养活自己！”之后，他委婉地拒绝了菲拉林的建议。

菲拉林意识到再劝说也没用，便留下一句“再见，战友”，然后离开了座位。

但是，我们看到后面就会知道，这并不是一句告别的话。

波鲁克在保可洛公司修理好他的爱机后，和菲奥一起甩开了当局的追兵，想要飞离米兰，返回亚得里亚海，却发现菲拉林所乘坐的飞机在那里等着他们，因为意大利空军已经在前面布下了一张围捕波鲁克的大网。菲拉林等在那里，就是为了告诉他这个情况。想一想，菲拉林的所作所为如果被政府当局知道了，等待他的会是什么样的灾难……

另外，当波鲁克和卡地士在众目睽睽之下展开空战的时候，用无线电向吉娜传递意大利空军动向的也是菲拉林。他告诉吉娜意大利空军得到了二人在空中决斗的情报，下定决心这次一定要逮住或击落波鲁克，并已经做好了出击的准备。也就是说，菲拉林不止一次，而是几次三番地为了波鲁克奋不顾身。这些都是令人印象深刻的情节，能让人感受到菲拉林对波鲁克的深厚友情。

菲拉林为什么要这么竭尽全力地帮助波鲁克呢？

我想，他大概是把自己的梦想和希望寄托在了波鲁克身上，因为波鲁克做了自己想做却做不到的事情。这就是心理学中所说的代偿心理在起作用。代偿心理指的是，当一个人发现自己原本的目标无法实现时，会转而把关注点放在能够实现这个目标的其他事物上，从而获得一种另辟蹊径的满足感。

菲拉林虽然得到了空军少校的职位，却等于自动放弃了自由飞翔的权利。他明白现在的自己简直就是一件“国家的御用工具”，菲拉林对这样的自己感到很可悲，所以在面对做了他想做却做不到的事情的波鲁克时，菲拉林的内心是有些许嫉妒和羡慕的。

我想，当菲拉林得知政府当局在觊觎波鲁克的生命时，他确信“能够帮助这位代替自己在天空中自由飞翔的男人的，也只有自己了”，对菲拉林来说，失去波鲁克就等于失去了自己的梦想和希望。

菲拉林的这种念头是不会轻易消失的。只要他还活着，他们二人的这种友情就会一直保持。

喜欢一个人，总会希望对方看到自己“美好的部分”

里见菜穗子是在东京都上野长大的某大户人家的

千金小姐。1923 年 9 月 1 日，菜穗子带着女佣阿娟坐在火车上，就在正午报时的钟声响起之前，发生了关东大地震。危难之际，乘坐同一列火车的年轻人、男主人公堀越二郎出手相救，菜穗子由此爱上了二郎。

后来有一段时间，二人没能再见面。或许是命运的安排，他们又碰巧在避暑胜地轻井泽再次相遇。这次，二人正式确立了恋爱关系。

然而,《起风了》的故事背景为 20 世纪 20 至 30 年代。在那个年代，结核病是日本人的主要死亡原因之一，由于它具有高死亡率和高传染性，甚至被列为“不治之症”。菜穗子就患有结核病。在那个没有抗生素之类特效药的年代，像菜穗子这样的结核病患者，只能尽量选择到高原之类空气清新的地区，像轻井泽这样的地方的医院过疗养生活。菜穗子不甘心就这样等死，她希望能陪在二郎身边，哪怕只有一小段时间也好。于是她逃出医院，去找二郎了。

二郎也理解并接受了菜穗子的想法，二人拜托二郎的上司黑川和他的夫人做媒，举行了婚礼。

婚后，二人生活在距离黑川家不远的地方，但是，现实并没有偏爱这两个相爱的年轻人。

二郎是一位飞行器设计师，随着战况愈发胶着，为了设计出符合国家要求的战斗机，二郎每天熬夜，忙得不可开交。同时，菜穗子的病情不断恶化，二郎不忍心丢下卧床不起的妻子去工作，于是，便把工作所需要的工具带到菜穗子的卧室，一边握着菜穗子的手，一边努力工作，就连晚上也是如此。感受到二郎手心的温暖，菜穗子的内心该是多么安宁和高兴啊！

但是，这也是让菜穗子做出重大决定的缘由。

在没有告诉任何人的情况下，菜穗子离开家，回到了山上。在收拾得整整齐齐的房间里，她只留下了三封信。一封写给照顾过自己的黑川夫妇，另一封写给二郎的妹妹加代，最后一封写给心爱的丈夫二郎。看到这一切后，黑川夫人明白了一切。她所说的话语，一定会让观众心头一紧吧：

“她只是想把自己美好的部分让喜欢的人看到……”

黑川夫人终于明白了菜穗子为什么每天都要认真化妆、打上腮红，努力让脸色看起来更好一些了。

“亲爱的，你一定要好好活着！”

在生活中，为什么我们每当看到悲伤或者痛苦的场面，总会有揪心的感觉呢？“令人揪心”是个文学性的表现，是源自个人的心理作用。实际上，“心痛”有个很专业的名字，叫作“心碎综合征”，指的是因亲属死亡或失恋等强烈的压力和情感活动而引起的心脏病样症状，其别名为“应激性心肌病”，会表现出胸痛、呼吸困难等与心脏病发作相似的症状，但和心脏病不同的是，这些症状只是暂时的，会随着时间的推移恢复到原来的状态。也就是说，当我们看到悲伤的场景时，会不由自主地把手放在胸口，实际上是因为心脏真的被紧紧地“揪”住了。

该症状的表现会因性别的不同而不同，女性发生该症状的概率远远大于男性。根据美国阿肯色州立大学团队的研究成果，女性患心碎综合征的概率是男性的 7 ~ 9 倍。但是，我们不能仅凭这一点就断言“女性都心思细腻，男性都粗枝大叶”。事实上，男性更容易因配偶死亡而引发心碎综合征。英国一家保险公司的调查数据表明，失去妻子的丈夫比失去丈夫的妻子因悲伤而死亡的概率要高 6 倍。特别是当妻子死后，丈夫在一年之内追随而去的情况非常多。

我们无法预知二郎回到家后，得知菜穗子已经返回山上时，受到的打击有多大。有一点在故事中没有提到，但大家都很清楚：菜穗子的生命之火，肯定是过不了多久就会熄灭的。这一点从在向军队高官展示了设计完成的战斗机后，坐在座位上失魂落魄的二郎的样子中，就能看出来了。

能够支撑二郎咬紧牙关努力活下去的动力，或许就是菜穗子在信中写的那一句：

“亲爱的，你一定要好好活着！”

相信我并不是唯一这么想的人。

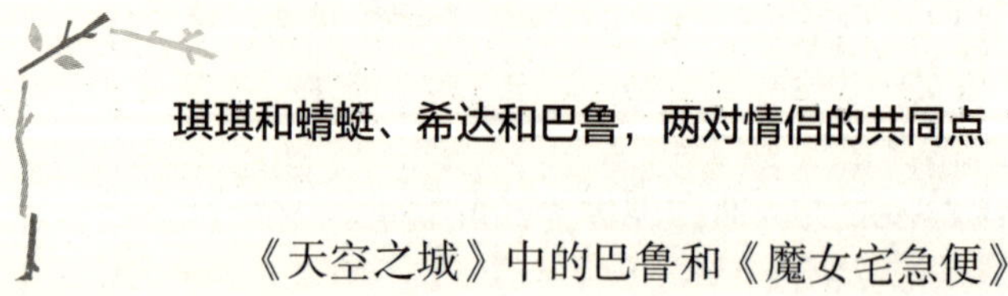

琪琪和蜻蜓、希达和巴鲁，两对情侣的共同点

《天空之城》中的巴鲁和《魔女宅急便》

中的蜻蜓，这两个少年的共同点是什么呢？我想应该是都爱上了一个“从天而降”的女孩，并且是从看到那个女孩的第一眼起，就怦然心动、小鹿乱撞了。巴鲁之所以会心跳加速，自然是有原因的。希达虽然凭借飞行石的力量从空中缓缓地飘落下来，但巴鲁必须拼尽全力地奔跑才能够接住她。而且，就在他刚刚好不容易接住了飞行石时，却因为飞行石的力量突然减弱，使得看起来轻如鸿毛的希达瞬间恢复了体重。这些重量一下子全部压到了巴鲁的双臂上，险些使他们掉进又暗又深的矿坑底部。

再来看看蜻蜓。蜻蜓虽然知道有魔女存在这回事，但亲眼看到却是第一次。没想到琪琪竟是骑着扫帚飞过来的，这让他不由得心跳加速。而且，琪琪的飞行方式看起来那么危险，警察都差点儿就要抓住她。蜻蜓机智地帮助琪琪从警察身边溜走后，又慌慌张张地骑车去追她。当他好不容易追上琪琪的时候，蜻蜓的心已经像晨钟一样，咚咚地跳个不停了。不过那个时候，琪琪却有些瞧不上他……

心跳加速是恋爱开始的征兆吗？实际上，这种心跳反应在恋爱发生的过程中起着重要的作用。这就是所谓的“吊桥效应”。

你一定在什么地方听说过这种说法：当一个人提心吊胆地走过类似吊桥这种又高又摇晃的地方时，恐惧和紧张会让他不由自主地心跳加速。如果在这个时候，碰巧遇到某个异性的话，大脑就会错将这种心跳加速的状况归因于对方使自己心动，从而对对方生出爱情的情愫。

吊桥效应的提出者、加拿大心理学家唐纳德·达顿（Donald Dutton）和阿瑟·阿隆（Arthur Aron）通过实验证实了这一点。两位教授将招募到的单身男性作为实验对象分成两组，让其中一组走过摇摇晃晃的吊桥，另一组则走过完全不摇晃的坚固的桥。当他们行至中途时，会遇到一位年轻的女性对他们说："请配合做一下问卷调查。"调查结束后，这位女性会跟他们说："如果对结果感兴趣，请过几天打电话过来询问。"然后把电话号码交给他们。之后，被试们所采取的行动正如两位教授所想。走过坚固的桥，也就是心跳加速不厉害的那些人中，只有 10% 左右的人打了电话，而走过吊桥，也就是心跳加速厉害的人中，半数以上打了电话。也就是说，他们把自己走过吊桥时的心跳加速，误以为是自己看上了进行问卷调查的女性的信号。

从这个实验也可以看出，人在心跳加速的时候更容易一见钟情。

毫无疑问，巴鲁和蜻蜓，都是一见到希达和琪琪，就已经坠入爱河了。

吉卜力人物独特存在感的由来

不会飞的猪，就只是一头普通的猪……

《红猪》

过度自责会导致与他人关系的紧张

“不会飞的猪，就只是一头普通的猪……”

这句话，特别像冷酷文学里经常出现的那种装腔作势的台词。而这句台词，出现在《红猪》的主人公、前意大利空军王牌飞行员波鲁克与亚得里亚海饭店的女主人吉娜的电话中。波鲁克是一名赏金猎人[①]，以在亚得里亚海空域阻击空中劫匪而闻名。

① 即通过完成雇主悬赏的高难度任务来获得高额赏金的高手。——译者注

吉娜接到波鲁克打来的电话，心里大大地松了一口气。因为在这之前，波鲁克心爱的飞机出现了故障，在这种不利的情况下，又遭到了另一位赏金猎人，也是他对手的美国飞行员卡地士的机枪扫射，与爱机一同坠入大海，下落不明。

这是两天以来，吉娜听到波鲁克说出的第一句充满活力的话语。对吉娜来说，真是有千言万语想要询问：身体怎么样？这两天到底发生了什么？事情的原委是什么？……

然而，波鲁克却没有意识到吉娜的这种感受，只是马马虎虎地要求吉娜给卡地士传个口信。吉娜就是吉娜，她开始大发雷霆：

“你这是干什么呀，把我当成留言板了吗！”

她觉得波鲁克根本不理解自己是多么担心他的安

危，因此大发牢骚。而这时，波鲁克说的就是这么一句：“不会飞的猪，就只是一头普通的猪……”

听到这里，吉娜气得一摔话筒，挂了电话。

可以看出，这句台词其实并没有什么装腔作势的感觉。这只是一句近乎不服输的、标榜自我正当化的托辞而已。

波鲁克在之前的战争中失去了朋友，仅有自己一个人活了下来。由于内心的自责，他把自己变成了猪的样子。他执着地认为，如果想要找到自己的价值，那就只有拼命地“飞翔”。

所谓“自责心理”，就是指人们在思想中将错误和无力感全都归咎于自己，认为“都是因为自己不好”，而且难以摆脱这种想法的现象。

容易陷入这种自责情绪的人，是那种在遇到不顺利的事情时，首先会想到“是不是我做得不好”的这类人。具体来说，这类人往往有以下特征：

- 容易担心给别人添麻烦，会无意识地说“对不起”等道歉的话。
- 责任感太强，对本不需要自己承担责任的事情，也会感到负有责任。
- 不安感很强，倾向于从他人的态度和言语中敏感地捕捉消极信息，总在心里琢磨自己是不是哪里做的不对，从而烦恼不已。

波鲁克一定属于上述第二种，也就是责任感太强的人，这种类型的人往往认为失败是自己的责任，而从不认为成功是自己的成就。

飞翔是波鲁克的救赎，也是他的生存价值所在。除此之外，仰慕波鲁克、作为他的坚定支持者的吉娜，以及波鲁克爱机的维修者、保可洛老头的孙女菲奥这类女性的存在，也成了波鲁克重要的精神支柱。

为了不失去这些坚定的支持者，波鲁克是不是最好少用“不会飞的猪，就只是一头普通的猪……”这种硬邦邦的语气来说话呢？听到这种话，还能让对方再说些什么呢？

话虽如此，但是转念一想，或许正是因为波鲁克只会跟吉娜这样说话，才使故事变得更有魅力了呀！

为什么我们在迷茫孤独时需要心灵导师

在接待八百万众神的汤屋中，充当千寻心灵支柱角色的，并非只有谜一样的神秘少年白龙和负责管理锅炉房、像蜘蛛一样的锅炉爷爷，还有一个不应该被忘记的人，那就是小玲。

在汤屋，小玲对千寻来说是姐姐一样的存在，她与千寻吃住都在一起。对千寻来说，小玲毋庸置疑比白龙更容易成为她精神上的支柱。

小玲一开始被锅炉爷爷用烤蝾螈诱惑，犹犹豫豫地把千寻送去了汤婆婆那里。但是，当千寻通过了考验平安回来之后，小玲却改变了态度，她说：

“你太磨蹭了，我真担心你。以后可别马马虎虎的。
不明白的地方，来请教我好了。”

在这里，小玲用了“请教”这个有些自命不凡的词，语气也很高傲。这种口吻，总给人一种体育俱乐部的老会员在以一种很会照顾人的前辈口气跟刚入会的新人说话的感觉。

小玲等人的工作是体力活，上下级关系也很严格，所以，就更给人以这样的感觉。对小玲来说，千寻比自己年龄小，身份上又是自己的部下，在一起工作，她也很有成就感。从那以后，小玲作为一位可以信赖的大姐姐，时而温柔、时而严厉地守护着千寻。

我们是不是可以这样认为：千寻迷失在奇妙的异世界里，内心非常不安，多亏有小玲的帮助，最后才能够获救？

不仅如此，小玲和其他员工不同，她有着坚定的意志。为了去梦中的“海那边的城市”，她下定决心“总有一天一定要离开汤屋”。

千寻之所以能够经受住一个接一个的考验，并且始终没有忘记救出变成猪的父母这一使命，也许正是因为小玲这个榜样给了她力量。

在心理学上，像小玲这样的角色一般被称为导师。所谓导师，就是心灵的引路人，就是那个在你觉得痛苦、迷茫的时候，能够适时给予你适当的指导、建议并与你交流的人。

人生中有无导师，有时候差异是非常巨大的。因为无论是谁，单靠自己一个人的判断前行，都难免会出现大的失败，甚至严重偏离正轨。在这种时候，能够把我们拉回轨道、为我们指出正确方向的人，就是我们的导师。导师会像小玲那样，鼓励、鞭策、陪伴我们。

“我说过你很蠢。不过，现在我收回这句话。”

小玲的这句话给了千寻多大的鼓励啊！千寻之所以对自己做出的判断变得自信起来，也可能就是因为听到了小玲这句话。

当然，白龙也与小玲一样，作为导师给予了千寻很大的影响。在完成汤婆婆最终的测试，即从众多猪中找出自己的父母时，千寻之所以能够表现出很强的判断力并取得成功，我认为也应该归功于小玲。

导师就是这么重要的一个存在。

如果你还没有找到这样的人，那就务必再认真环顾一下自己的周围。因为多数情况下，真正的导师就出乎意料地生活在你的身边。

被定义为阿加佩的“献身形象”

《天空之城》中，女主角希达首次见到“机器人战士”，是在被穆斯卡逮捕并带到军事要塞的时候。据穆斯卡说，那个机器人战士是从天空之城拉普达上掉下来的。

那个机器人战士在希达无意中嘟囔出陷入绝境的咒语时，突然活动了起来。它为了保护希达，用激光炮摧毁了要塞的墙壁和门，然后飞向天空，把她从穆斯卡的手中解救了出来。

机器人战士的破坏力惊人，军事要塞化为一片火海。对此，军队也进行了反击，炮击同样对机器人战士造成了很大的伤害，可它仍旧努力把希达抱在怀里掩护着，试图歼灭反击的敌人。

但是，当听到希达说“不要再这样了”时，机器人战士马上停止了攻击。然后，就像是把希达托付给了前来营救她的空中海盗朵拉和主人公巴鲁一样，轻轻地将她放到了塔的顶端。

机器人战士就那样静静地伫立着，好像在告诉大家自己的任务已经完成了。就在这时，一发炮弹飞来，机器人战士被彻底摧毁了。

不知你是否听说过“阿加佩（Agape）”这个词。在古希腊语中，Agape 的意思是“富于献身精神的爱”。这个词在爱情心理学中也经常被提到，用于形容心理学家约翰·艾伦·李（John Alan Lee）所提出的“爱情风格理论”中的“无条件的爱”。这种类型的爱情会使坠入爱河的人总是优先考虑爱人的所有事情，容易陷入忘我的境地。他们在恋爱中总会这样做：

- 约会时，优先考虑恋人想做的事，以此来制订计划。
- 送礼物是为了看到恋人高兴的样子，不需要对方回礼。
- 与其让恋人受伤，宁愿选择牺牲自己。

看到这里，你是不是有些懂了？为帮助希达而不惜牺牲自己的机器人战士，简直就是活脱脱的阿加佩型恋人！当然，也可能是因为机器人战士被植入了要不惜一切代价帮助希达的程序，但是，希达能够得到这种程度的富于献身精神的爱，也说明她的确是一个有价值的人。

应该有不少人对这个机器人战士抱有同情之心，它那种既勇于献身又能勇敢地保护希达的样子着实让人感动。尤其是对那些曾经因“没有回报的爱情”而落过泪的人，他们会不会把自己过去的回忆投射到机器人战士身上，突然就热泪盈眶了呢？

娜乌西卡身上体现的领导者素质

《风之谷》中的少女娜乌西卡生活在一个时时刻刻

必须佩戴口罩的世界里。因为在那里，一片腐海蔓延而来。腐海所产生的剧毒瘴气仅需 5 分钟就能使人的肺部腐烂。在这样一个残酷的世界里，由娜乌西卡的父亲基尔担任族长的风之谷，幸得从海上吹来的海风的护佑，是一个难得的无须佩戴口罩也能正常生活的珍贵之地。

但是，这种和平安稳的日子也很可能会在瞬间终结，因为多鲁美奇亚王国的公主库夏娜已经率领着巨大的飞艇队前来入侵。为了保护村民们的生命而不幸被俘的娜乌西卡及其随从，在被护送到多鲁美奇亚王国的途中，遭到了被多鲁美奇亚王国击溃的佩吉特人的武装袭击。

娜乌西卡发现了藏在库夏娜飞艇上的备用飞艇，终于逃了出来。逃出来后，她马上四处寻找失踪的随从们所乘坐的驳船。尽管最后找到了，但是由于驳船无法靠自己的力量起飞，因而只能缓缓地朝着腐海坠落下去。娜乌西卡为了减轻驳船的整体重量，命令大家丢弃行李，但是随从们无视坠落死亡的危险，兀自大声喊着：

“我不想被随时都会落到船里的虫子吃掉，
还不如一下子掉下去死了利索。”

这时候，娜乌西卡做了一个值得赞赏的动作。她竟然摘下口罩，从飞艇中探出身子，微笑着劝说大家：

“我一定会救出你们的，相信我，扔掉行李吧！”

对于这种舍身相劝的方式，娜乌西卡的随从们当然不可能再置若罔闻！

领导者必须具备的素质之一就是“率先垂范”，指的是领导者要主动成为大家的榜样。

娜乌西卡真的做到了这一点。这在心理学上叫作示范效应，意思是居上位者或是令人崇拜之人，其具体的行动和语言能够促进下属或崇拜者的成长和成功。娜乌西卡通过摘掉保护生命的重要口罩，让示范效应成功发挥了作用，促使随从们顺从地丢掉了行李。

如果那些身处高位的人也能够认真地向娜乌西卡学习这一点就好了。

小月父亲所使用的积极心理学育儿方法

《龙猫》中，小月、小梅及其父亲草壁辰男三人一起泡澡的场景格外令人印象深刻。当时因为听到屋外的狂风猛烈地摇晃房子的声音，小月和小梅都露出了不安、害怕的神情。为了帮姐妹俩摆脱恐惧，辰男这样说道：

“我们一起大声笑吧，笑一笑，

可怕的东西就会跑掉啦。”

然后，他们三个人就一起大笑起来。在笑声中，孩子们完全忘记了害怕。

辰男工作很忙，要抚养两个孩子，还要照顾住院的妻子。我想多数观众会不由自主地佩服这个父亲的形象，因为他总是表现得心态放松，行为举止不会让孩子们感到焦虑。

是不是有许多人都由衷地感叹：如果人人都有个这样的父亲，那该多棒啊！这样的父亲是多么靠得住呀！

众所周知，人们在感到幸福或快乐时就会面露微笑，在遇到困难或感到悲伤时就会流泪，在生气时脸上就会出现可怕的表情。那么，我们是不是也可以把这种情绪和面部表情之间的关系颠倒过来，通过做出某种面部表情，来唤起引发我们做出这种面部表情的情绪呢？例如，一个人在哈哈大笑的时候，是不是心情也会随之变得兴奋、快乐起来呢？

美国心理学家威廉·詹姆斯（William James）是最早研究这个问题的人之一。这位心理学家说过一句名言："人不是因为悲伤而哭泣，而是因为哭泣而悲伤。"丹麦心理学家卡尔·兰格（Carl Lange）也在同一时期提出了同样的理论。这种心理现象，即"如果我们笑起来或哭起来，相应地，快乐或悲伤的情绪就会随之而来"的现象，就被称为"詹姆斯－兰格理论"。

现代心理学也继续关注了这类关于人的情绪和面部表情之间关系的研究，形成了前文所提到的面部反馈假设。该假设认为，人不仅会因为快乐而欢笑，还会因为欢笑而引发快乐的感觉。当然，这种心理现象的正确性还没有得到完全证实，因此至今还被认为是一种假设。但是，我认为像“笑门来福”之类的谚语，绝不只是一种心理安慰。可以肯定的是，当一个人感到心情紧张的时候，笑一笑的确能够让心情放松下来，情绪变得更加积极。

也就是说，小月和小梅的父亲辰男提出的三人一起大声笑的建议，是有心理学依据的。

辰男虽然是个考古学家，但他是不是也学过心理学呢？他这样努力地想办法带领女儿们快乐起来，可能是为了让她们不至于过分想念正在住院的妈妈。也正是因为跟着这样的父亲长大，小月才成长为一个坚强、聪明、善于交朋友的女孩，而小梅也逐渐成长得精力充沛、活泼可爱。

如果你想改变心情，那就先照照镜子吧。当你发现自己的嘴角往下耷拉时，就赶紧试着上扬嘴角，让嘴巴变成月牙形，然后对着镜子笑一笑。如果能像小月和小梅一样开怀大笑，那就更好了。

这样做了之后，估计你突然就会觉得平日里愁眉苦脸的自己实在是太傻了，阴郁的情绪自然也就烟消云散了。

萨利曼惊人的共情与解码能力

在《哈尔的移动城堡》中，由于哈尔连续无视国王召他助战的谕旨，已变身成为老太婆的女主角苏菲不得不谎称自己是哈尔的母亲，前往王宫。

苏菲被带入了一个巨大的封闭式玻璃房内，这个房间就像建在了一个植物园里。在那里，她见到了正在等待她的萨利曼。萨利曼是个能力强大的女巫，不仅是王室巫师，也是哈尔的导师。

萨利曼指责哈尔，说他使用魔法只是为了自己，是被魔鬼迷惑了心智。因此，萨利曼告诉苏菲，如果哈尔再不改变主意，不为国王服务，她将夺走哈尔的魔法。

但是，苏菲针锋相对，坚持认为："哈尔当然有他的缺点，但他只是希望过上自由的生活而已。"对于苏菲这种坚定的立场，萨利曼抛出一句话：

"哈尔妈妈……你这是爱上哈尔了吧。"

萨利曼此时似乎已经看出苏菲并不是哈尔的母亲，因为"母亲爱上了儿子"并不是一个常见的说法。身为女巫，她已经发现面前的老太婆实际上是一位年轻的少女。不仅如此，萨利曼还看出，随后来到房间的国王，实际上是哈尔运用魔法伪装的。

萨利曼拥有这种看透一切事实的“透视镜”般的能力，说明她不愧是一个精于此道的女巫。

从心理学角度来看，可以说萨利曼拥有非常优秀的解码能力。所谓解码，指的是根据他人的表情和四周的气氛来理解和推断其内心感受，如果要找一个近义词的话，也可以说成“解读”。

人类的交流有两种方式：语言交流和非语言交流。通过语言传达自己感受的方式被称为“语言交流”；不使用语言，仅依靠面部表情和手势来交流情感和情绪的方式被称为“非语言交流”。

拥有解码能力的人，可以从非语言交流如轻微的眼球转动、身体晃动或肢体动作等之中，很快读懂对方的内心想法。

那些被称为“活神仙”的算命先生，与那些赢得“神医”美誉的医生，都拥有这种解码能力。他们非常善于观察和分析，甚至只要在对方面前坐上一小会儿，就能在一定程度上看透很多事实。

解码能力的高低存在性别差异，女性在这方面的能力要远远超过男性。有研究表明，女性的直觉要比男性敏锐 4 倍。

那么，为什么会有这样的差别呢？

有一个说法是，自古以来，女性一直负责生育子女和照顾孩子。与儿童和成年人不同，婴儿期的孩子是不会说话的，他们没有能力进行“语言交流”。作为母亲，与宝宝沟通交流的唯一方式就是通过面部表情和手势。这就是研究者做出“女性感知他人情绪的能力更强”这一结论的依据。

正是源于女性的高解码能力，她们可以轻而易举地发现自己丈夫的不忠行为。与此相反，男人们却很难发觉女人内心的变化，当他们意识到这一点时，往往已经太晚了。为了减少这种情况的发生，男人们可能需要提高他们的解码能力。

还有一种观点认为，越是对他人比对自己更关注、更关心的人，其解码能力就越高。这也意味着，如果男人们能够比现在更加懂得关心和照顾他人，他们就可以提高自己的解码能力。

此外，这种能力的提升对个人成长和职业发展都非常有用，因为你可以从他人的面部表情和手势中读出他们正在寻找的东西，并采取正确的行动。事实上，业绩更好的销售人员便拥有这种能力，这也算是个公认的事实。

萨利曼能力强大，却坐在轮椅上，这说明她的健康状况并不是很好。但她的解码能力以及对魔法的操纵能力没有任何下降的迹象，更未显露出衰退状态。

似乎可以肯定的是，只要她拥有这种力量，就会一直保持当下的地位，继续统治魔法世界。

为什么哈尔要起很多个名字

当被荒野女巫诅咒变成了老太婆的苏菲问及哈尔“你到底有几个名字”时，哈尔的回答是：

“刚好够自由地活下去……”

为了不受束缚地自由生活，哈尔每到一个城市就变换一次姓名，完全变成另一个人。可以说，哈尔是一个“到过几个城市，就有几个名字”的人。

的确，在苏菲居住的王城，哈尔自称是“潘德拉肯”；在港口城市，哈尔又自称是“詹金斯”。就如哈尔自己向苏菲所坦言的："我其实是个懦夫。"为了逃避荒野女巫，以及魔法学校时期的老师、侍奉国王的萨利曼，他必须在不同的城市以不同的面貌和人格隐身。

其实想一想，我们又何尝不是在根据不同的状况、不同的谈话对象来区分使用不同的表情和人格呢？例如，在家的时候，我们多半会是一副略微轻松的表情；在学校或公司这种正式场合，我们又会根据需要摆出一副一本正经的样子；在与心爱之人约会时，我们会展现出一副竭力讨好的表情；在玩双人或多人游戏时，我们似乎又变成了自己所设定的角色，展露出一副进入战时状态的表情。

也就是说，不管是否意识到，我们其实都像哈尔一样，在日常生活中，以同一个人扮演着不同的角色。

瑞士心理学大师卡尔·荣格（Carl Jung）称其为"人格面具"（Persona）。在古罗马戏剧中，Persona

的本意是指表演者戴在脸上的“假面”。

同理，我们在日常生活中，也都是戴着各式各样的“面具”生活的。为了适应社会，人们会根据交往对象的不同而换上不同的人格面具。

但是，问题又来了，人们如此频繁地更换人格面具，不觉得累吗？荣格认为，如果人们自身意识到了人格面具的存在，就不会有太大的问题。而他关注的是那些即使离开了舞台，也无法摘下面具的人。因为不管是多么合体的面具，一直戴着都会令人窒息。

例如，在父母的严格管教下长大的孩子，会倾向于无论何时何地都保持自己的“好孩子”形象，因为只有做个好孩子才会得到父母的表扬。正常情况下，这些孩子应该也会有作为“顽皮孩子”“坏孩子”的一面，但越是受到夸奖，他们好孩子的形象就会变得越发坚实，他们自己也就越来越把“好孩子”当作自己本来的样子了，而那种本性被压抑的痛苦，会伴随孩子的成长不断放大。如果这种痛苦得不到恰当的缓解，将来某天，孩子就会突然崩溃。如果“好孩子”突然出现反抗父母、乱发脾气等情况，很有可能就是这个原因导致的。

也就是说，在更换人格面具时能够做到收放自如，是心理健康的标志。哈尔这种不断更换名字的做法既是为了保护自己的身体，也是为了保持灵魂的正常。

边境第一剑士尤巴能够保持年轻健壮的秘诀

“又一个村子死了……”

伴随这句令人印象深刻的话，《风之谷》的故事拉开了帷幕。说出这句台词的，是被称为“边境第一剑士”的犹巴，他在故事中也是娜乌西卡心灵导师一样的存在。犹巴名声在外，被邻国多鲁美奇亚王国的武士们所熟知，人们都对他刮目相看。而犹巴本人品格高尚，是个不喜欢斗争和杀戮的人，因此深受风之谷居民们的信赖。

犹巴在《风之谷》中的存在感也是压倒性的。除了剑术的相关知识，娜乌西卡从犹巴那里还学到了做人的教养和生活的方式。犹巴为了解开“腐海之谜”，骑着鸟马周游天下，了解世界各国的文化、历史和自然科学知识。因此，犹巴是一个接受过多方面教育且颇有造诣的人。

时隔一年半，当犹巴回到风之谷，与娜乌西卡再次相遇时，他对娜乌西卡的快速成长备感惊讶。二人一起去探望了娜乌西卡卧病在床的父亲基尔。

让犹巴感到震惊的是，基尔的身体遭受腐海瘴气之毒的侵害程度比他预想的还要严重。

从二人的谈话内容来看，他们大概是同一个年代的人。但是，与身体急剧衰弱的基尔相比，犹巴则显得格外健壮，差别尤其明显。

犹巴看起来年轻是有原因的。他的生活方式和探究心，恰恰是抗衰老的秘诀。

美国得克萨斯大学和亚拉巴马大学的联合实验表明，那些过着充实而忙碌生活的人，即使已经处于老年期，他们的大脑也保持着非常出色的认知能力。参与实验的被试共有330人，年龄从50岁到89岁不等。实验人员对这些人的“信息处理速度”“工作记忆”“情景记忆”“推理能力”“记忆强化能力”5个方面进行了详细测试。结果表明，不管年龄和受教育程度如何，那些保持忙碌生活方式的人比那些不忙碌的人在各个方面都表现得更好。

其中最突出的是能够恢复各种关联记忆的情景记忆。在进行这项测试时，即便是高龄的被试也能取得非常出色的成绩。但是，同样处于忙碌的生活状态下，那些“被迫处于这种状态的人”却表现不佳。也就是说，只有能够适应忙碌生活并主动挑战新事物的人，才能在任何时候都保持元气满满的状态。

《风之谷》中的犹巴为了解开昆虫们所栖息的腐海为何充满瘴气这个谜团而周游各国。在这个过程中，犹巴是出于自己内心对问题的探索欲望而主动选择出门旅行的，而旅行的经历又促使其不断加深哲学性的思考，从而让他借此保持了年轻的身心状态。

除此之外，犹巴作为剑士多年来穿梭于各种修罗场，从而显得风度翩翩，在人群中存在感十足。他能得到以娜乌西卡为首的风之谷居民们的爱戴，也在情理之中。

第 5 章

对“幻想中的世界”的心理分析

是个梦！但又不全是梦！

《龙猫》

每个人都做过“真假难辨”的梦

小月和小梅在梦中见到了龙猫，她们模仿龙猫的样子对种在院子里的种子施了咒语，希望种子快快发芽。结果呢？那个刚从土里冒出来的小芽，便嗖嗖地往上长，转眼间就变成一棵参天大树了。

第二天早上，从梦中醒来的两个孩子马上跑去看撒到地里的种子。哎呀，不得了，这不是和梦里一样长出小芽了吗？看到这一幕的小月和小梅不由得欢呼雀跃起来：

“是个梦！但又不全是梦！”

虽然没有发生梦中那样的奇迹，但是让种子发芽的梦想还是变成了现实，光是这一点就能让人欣喜若狂了。

这就是所谓的“梦想成真”现象。当然，这种情况是否真的会发生，并没有一个科学的解释，但是这个世界上本来就会发生很多用科学无法解释的不可思议的事情，如果我们总是把这些现象简单地归结为“只是偶然，碰巧了”，那才真是太缺乏想象了呢！

人类的睡眠状态并不稳定，而是有波动的。大约每隔 90 分钟，就会在“浅睡眠”即快速眼动睡眠和“深睡眠”即非快速眼动睡眠的状态之间切换一次。

人在做梦时处于快速眼动睡眠期。在这种状态下，眼球的活动更频繁，大脑的活跃程度也与清醒时一样，甚至更高，只是此时被激活的大脑区域与清醒的时候略有不同。

人在做梦的时候，大脑皮层中与视觉和运动感知相关联的部分会活跃起来，同时，与情感相关联的部分也会变得更活跃。与此相比，跟逻辑判断相关联的大脑皮层区域就不那么活跃了。也就是说，人在做梦的时候会偏离常识的限制，表现得更加自由、更具创造性。因此，原本不可能飞起来的我们，在梦中就能自由地在天空中飞翔，甚至有时还会说一口流利的外语。

从睡梦中获得创作灵感或者解决难题的启示的人，光是那些历史上的名人就不胜枚举。

例如，创作了《杰基尔医生与海德先生奇案》（*The Strange Case of Dr. Jekyll & Mr. Hyde*）这部著名小说的罗伯特·路易斯·史蒂文森（Robert Louis Stevenson），就曾在自传中谈到，他是以梦境为灵感完成这部作品的。他在文中写道："梦里的原住民、妖精布朗尼，比我更能讲出有趣的故事。"

据说，作曲家朱塞佩·塔尔蒂尼（Giuseppe Tartini）是以向梦中出现的恶魔出卖灵魂为代价得到的美妙旋律，创作了《魔鬼的颤音》（*Devil's Trill*）这首曲子；保罗·麦卡特尼（Paul Mccartney）是用在梦中听到的旋律创作了《昨日》（*Yesterday*）；而创作了《梦想河》（*The River of Dreams*）这首热门歌曲的歌手比利·乔尔（Billy Joel），据说也是从梦中获得了灵感。

从以上事例可以看出，我们每个人应该都会像小月和小梅一样，有"这是个梦，但又不全是梦"的体验。这样想来，你是不是又开始期待做梦了呢？

源自波鲁克自身的心理防御机制

《红猪》里最大的谜团，当属“波鲁克为什么会变成猪”了吧。

原因当然可以有很多种。最有说服力的，就是源于波鲁克在之前的那场战争中失去了很多战友，只有自己活了下来，心中的痛苦情绪使得他把自己的身体变成了猪。

在故事中，那种在战争中失去战友的悲痛以波鲁克回忆的方式多次被描写到。从波鲁克的只言片语中，也能窥见他遭受了怎样的良心苛责，例如，他说：“好人，都已经死了！”

在吉娜的店里，挂着一张波鲁克和他战友们的画像。在那张照片中，还保持着人脸的波鲁克被魔法涂成了黑色犯人的样子，估计这也是波鲁克自己干的。

之所以变成猪，目的是向所有人表明自己就是那个应该被蔑视的对象[①]。即使变成了这个样子，波鲁克也许仍旧无法摆脱所背负的罪恶感，难以正常生活吧！他曾经说过这样一句话：

“我宁愿做一头猪，也不愿做法西斯成员。”

这个故事发生在 1929 年，其时代背景是世界经济大萧条。

在经济大萧条的巨浪冲击到广大百姓的时候，每个国家都表现出一副本国优先主义的姿态。整个世界都笼罩在不安定的气氛之中，火药味开始弥漫，世界

① 在动画主人公波鲁克所处的虚构的世界观中，“猪”是一种典型的负面文化的载体。——编者注

似乎正逐渐返回波鲁克所厌恶的那个时代。

波鲁克至少自己不想被这样的国家和时代所吞噬，因此，还是做一头猪更好一些！做一头能在天空中自由飞翔的猪的想法，似乎还真是在情理之中。

那么，波鲁克是怎么变成猪的呢？依靠魔法吗？还是用别的方式，如外科手术？

尽管解开这个谜团似乎是不可能的，但如果从心理学的角度来进行探究的话，也可以认为这是心理防御机制对波鲁克产生了巨大的作用。

人一旦感受到内心的痛苦和纠葛，就会启动自我保护的防卫本能，这就是人的心理防御机制。这个概念由以精神分析而闻名的弗洛伊德和他的女儿安娜·弗洛伊德（Anna Freud）共同确立。

有过与波鲁克类似体验的人都会懂得，如果一个人受到的压力不断增大，到达极限后还是得不到恰当的缓解，那么这个人的心理可能就会崩溃。最典型的是那些经历过战争或者意外等悲伤体验的人，容易罹患创伤后应激障碍。为了避免出现这种情况，人体的心理防御机制就会开始发挥作用。

具体的作用方式如下所述：

抑制——把不安和不满足等感受下意识地封闭在内心深处，试图忘掉。也许波鲁克就是想通过变成猪来封印自己作为人的不愉快记忆。

逃避——通过逃避困难来保护自己。波鲁克可能就是通过变成猪来逃避现实的。

合理化——对于那些难以接受的情感，通过找个合适理由的方式来让自己接受。变成猪后，就可以从让人讨厌的交际和恋爱中解脱出来，波鲁克大概就是这么想的。

同一化——通过把他人或者某些对象与自己相重合的方式，来满足自身欲求不满的状态。也许波鲁克就是通过把自己与猪的形象进行重合，实现了二者身心的合体。

补偿——通过在其他方面的行为来弥补自己的自卑感和罪恶感。在故事中，波鲁克就是通过保护他人的生命不受强盗侵害，从而找到生命存在的意义的。

认为自己没有问题的偏差正常化思维

在《千与千寻》中，10岁的少女千寻和她的父母误入了奇妙的异世界。由于父母的行为不够检点，吃了为众神准备的食物，导致了很多意想不到的事情发生。

故事发生在千寻全家搬去新城市的途中，一家人开着私家车行驶在路上。路过一片森林的时候，他们发现了一条奇怪的隧道，穿过隧道后，他们来到了一条满溢着食物香气的街道。但是，街上一个人都没有。

在那里，千寻的爸爸发现了一家店铺，店面上摆满了各种各样美味的食物。在没有见到店员、没有得到许可的情况下，千寻的爸爸叫上妈妈一起进入店中，开始大快朵颐。

千寻着急地劝说他们："喂喂，快回来！店里的人知道了会生气的！"

爸爸却若无其事地说："没事的，爸爸在呢。我这儿有银行卡，还有现金。"

让千寻目瞪口呆的是之后发生的事情——她的父母竟然都变成了猪。这个意外的发生让很多观众瞠目结舌，有些人感到恐怖异常，有些人百思不得其解：“怎么就变成猪了呢？”

我们从之后汤婆婆的话语中，大致可以推测出事情的原委：千寻的父母之所以被变成猪，是因为他们擅自吃了本来为汤屋的客人们，即八百万众神所准备的食物，因此受到了惩罚。

这个场景对我的心灵也是一种冲击，因为那种大口大口贪吃油腻菜肴的样子实在太丑陋了。

这部作品是在 2001 年上映的，那时千寻已经 10 岁了。也就是说，千寻出生在 1991 年，正好是日本的经济泡沫破灭的时代。这么说来，千寻的父母和我一样，可以说都是生活在倡导消费就是美德的时代的人。他们把食物吃得乱七八糟的样子，简直就是那个时代自己的影子。那种情形让人毛骨悚然，我单是看着都会感到十分尴尬。

那么，为什么千寻的父母无法做到忍住不吃呢？这可以用“偏差正常化”这个心理学名词来解释。

所谓偏差正常化，是指尽管自己明白所发生的事情有些异常，但还是通过将其视为正常范围内的事情，来保持自己内心平静的心理活动。这是人体为了避免自己因为对各种各样的事态反应过度而感到疲惫，从而预设的一种本能反应，可将其视为心灵刹车、保障安全的行为。

但是，在我们的日常生活中，如果这种“刹车”行为过度，就会导致坏的结果。例如，听到海啸警报却不认为这是一种异常现象，反而觉得“没事，还没到必须避难的程度”，这就是一种刹车过度的行为。

类似“这种程度，没什么大不了的”“警报肯定会马上解除的”这种偏差正常化思维，其可怕之处在于没有任何根据就擅自做出判断，由此可能导致危及生命的严重情况。

千寻的父母之所以在进入店铺时会有那些偏离常识的所作所为，一定也是源于这种思维让他们深信不疑、先入为主了。这从他们俩的对话中可以感觉到：

“东西这么多！随便吃一点，店主不会生气的。”

“对！对！我们只是吃一点，又不是全部吃掉。”

就是在这种思维的支配下，他们二人险些走向了不归路，在从未有过的放松状态中被变成了猪。如果没有千寻的不懈努力，他们可能就被端上餐桌了。

琪琪为什么能和猫说话

对于为了成为独当一面的合格魔女而离开父母独自修行的琪琪来说，黑猫吉吉是她心灵上的朋友，也是她的重要伙伴。

而且，黑猫吉吉还会说话，不会像跟普通宠物说话那样有问无答。吉吉不仅是个能倾诉烦恼的对象，还会给琪琪参谋和建议，真是个非常难得的存在。在陌生城市里生活的琪琪之所以没有那么想家，是不是也得益于吉吉一直陪伴在她身边呢？

那么，琪琪为什么能和吉吉对话呢？是因为魔女所具备的特殊能力吗？但是，琪琪自己也说过："除了会在天空中飞，我没有其他本事。"这么说来，能和吉吉对话似乎又不是她作为魔女本身所具备的本领。

由此，我的脑海中浮现出了“假想同伴”这个词。假想同伴，顾名思义，就是想象中的伙伴或朋友，指的是处于某个生长发育阶段的孩子在脑海中创造出来的、只存在于想象中的同伴。在孩子的想象中，他们可以一起对话和玩耍。因此，一些研究者称为“想象中的朋友”。

拥有这些“想象中的朋友”的孩子，是有些特征的。比如，现实生活中朋友很少的孩子，一个人玩假想游戏的情况就比较多，独生子女比较容易出现这种情况。从性别的角度来区分的话，出现这种情况的女孩比男孩更多。根据以上描述，琪琪的确很具备这些特征呢。

“想象中的朋友”大多是同龄孩子，不过，据说也有像吉吉这样的小猫、小狗，甚至还有以小精灵或布娃娃的形象出现的。

因为毕竟是一种想象，所以父母和其他人是不会看到的，但那个孩子却能实实在在地看到。“想象中的朋友”会陪孩子玩，还会给孩子提建议。

吉吉的情况则是，面包店的老板娘索娜和其他人似乎都能看到它，但没见过它说话。所以，会聊天的吉吉似乎只有琪琪能看到。

“想象中的朋友”实际上是自己安慰自己心灵的一种存在。随着孩子的成长，以及朋友数量的增加，这些“想象的朋友”就会逐渐看不见了。也就是说，这种朋友只存在于儿童时期。

不过，即使过了儿童期，人们也会有孤独感很强、需要自我安慰的情况出现，因此也会有例外。琪琪的情况，也许就属于这种例外吧。

顺便说一句，安妮·弗兰克（Anne Frank）似乎比琪琪更加孤独，因为她创造了一个虚构的朋友来安抚她那近乎荒芜的心灵。在她写的《安妮日记》（*The Diary of Anne Frank*）中，几乎每次都以“致亲爱的凯蒂”这句话开头。她这样描述凯蒂：“凯蒂总是很有耐心，在这里（日记里），她会认真地听我说完每一句话。”

安妮的结局很令人悲伤，但琪琪是幸运的。她逐渐得到了周围的朋友和熟人的关心，这些人包括为琪琪提供住所的索娜、在森林小屋里专心画画的乌露斯拉，还有蜻蜓。琪琪的耳朵逐渐听不到吉吉说话的声音，可能也是因为这些朋友的出现吧。

汤婆婆“超级大脸”的心理学解释

初次看《千与千寻》的人，都会被汤屋主人汤婆婆的脸震撼到吧。

如果被那张充满震撼力的脸，还有那圆溜溜的大眼睛盯上的话，换作是谁都会觉得害怕。我们真应该好好表扬一下千寻，她面对汤婆婆毫不畏惧，勇敢地按照白龙的指点，大声喊着：

“请让我在这里工作吧！”

那么，为什么汤婆婆的脸会那么大呢？如果连盘好的头发都算上，那她的脸几乎快占到身高的一半了。

日本有一个词叫作“脸大”，指的是某人熟人多，交际广。汤婆婆好像和八百万神灵都有交情，所以她的交际面确实算得上是相当广的。

莫非创作者就是为了显示汤婆婆交际广，而把她的脸弄得大到严重变形了，还是有其他原因呢？

假如我们把这个故事视为千寻在摇摇晃晃的车里做的一个梦，那就会有不同的观点了。

作为无意识产物的梦，与有意识的思考不同，在梦里，常识是不起作用的。梦里没有诸如人就是这种生物这样的思维定式，也不存在某种认知框架，所以梦里出现的人物也就可以自由变形。因此，这里让汤婆婆以“超级大脸”的形象出场，只能算是小菜一碟。

那么，为什么会选择这么难看的“大脸”形象呢？或许是因为千寻在梦里将自己幼儿化了。

你应该看到过小孩子画的画吧？小孩子，特别是 3 岁左右小孩子的画，都有一个共同的特征，那就是他们画的人物，脸都是一个大圆圈，几乎没有躯干，直接就从脸上长出了细长的手和脚。

发展心理学把幼儿画的这种人物画称为“头足人”。在我们成年人的眼中，这是一幅充满了不足之处的古怪画作，但是画画者本人通常并不会觉得奇怪。

之所以这么说，是因为在大人看来是“脸”的部分，对幼儿来说却是印象的全部。因此，幼儿是以脸为中心来观察人的。

虽说我们把孩子3岁以前的这个时期称为“涂鸦期”，但我觉得这一时期的孩子能把脸和手脚都画出来就已经很棒了。用一句极端的话来说，在婴幼儿的眼里，眼前的每一个人其实都是“汤婆婆”。

而对10岁的千寻来说，由于她已经完成了对人类体形固有模式的认知，所以按理来说她应该是能够画出一幅像模像样的画的。但是，到了梦里，这个模式就消失了，于是她又回到了3岁时自由自在的状态。

所以，这种为强调汤婆婆的可怕而把她塑造成“头足人”形象的做法，也没什么不好理解的。

无脸男象征着永远的少年心

在吉卜力的动画作品中，有很多令人觉得不可思议的角色，最令人难忘的角色之一就是《千与千寻》中的无脸男。他简直就是一个身份不明的怪物。

那么，无脸男到底是何方神圣呢？顾名思义，无脸男的脸是被遮住的，人们并不知道他的本来面目。

无脸男的首次出场，被安排在千寻在白龙的帮助下一起赶往汤屋，正要过桥的时候。当时无脸男被众神裹挟着，看起来似乎没有什么存在感。但出现在千寻身边的无脸男，又是那么的令人印象深刻。

从那之后，不知道什么原因，只要是千寻在的地方，无脸男就会悄无声息地出现，一个劲儿地讨好她。

这个一直以来形单影只的无脸男，突然希望能与千寻成为朋友。

但是，因为无脸男只会说“呜……啊……”之类的话，所以他到底想表达什么，千寻完全是丈二和尚摸不着头脑。

存在感一直不强的无脸男，有一个形象发生变化的场景。那是当汤屋的人们面对以腐烂神形象出现的河神所留下的金砂，一个个两眼放光、开始争抢的时候。无脸男发现只要拿出金砂，人们就会变得兴高采烈，因此他猜测千寻看到金砂也一定会很开心，于是他开始拼命地变出金砂，无数金砂从他手中像热水一样涌了出来。

汤屋里一下子人声鼎沸。从地位最高的领班到地位最低的工作人员，为了得到从无脸男手中不断溢出的金砂，都争先恐后地给他搬运食物。无脸男不断吞下这些食物，体型也变得越来越大。

然而，要命的是千寻死活不肯收这些金砂，甚至在无脸男着急地逼问千寻“你到底想要什么”时，千寻也一口回绝：“我想要的东西，你绝对拿不出来。”于是，无脸男开始像小孩子一样撒娇：“我要小千，我要小千嘛！”没错，无脸男简直就是个孩子。

在心理学家荣格创立的学说里，有叫作“永恒少年”和“永恒少女”的概念。这个概念指的是，在每个人的内心深处，都有着“想永远做个孩子”的本能欲求。这种欲求越大，人的内心就越会拒绝成长，因为长大成人看起来似乎一点都不好玩，不仅需要承担很多责任，还不得不去做一些不愿意做的事。在他们心里，与其成为那样的大人，还不如永远做个孩子更有意思。

彼得·潘这个角色将“不肯长大”的欲望表现得淋

漓尽致，他在“梦幻岛”这个梦想国度里永远长不大，就那么自由自在地活着。故而心理学家丹·凯利（Dan Kiley）将这种想成为“永恒少年”或“永恒少女”的心理疾病命名为“彼得潘综合征”。

也有观点认为《千与千寻》是千寻在睡梦中梦见的故事。而且，梦中出现的人物也大多是做梦者本人，也就是千寻形象的分身。

如果我们顺着这个思路，把无脸男看成千寻的分身，并且是“永恒少女”的真人版化身的话，就能渐渐发现其真面目了。

因为搬家，千寻不得不转学了。她只能远离自己的好朋友和曾经的同学，内心孤独无比。她在车里撒泼打滚：

“都怪你们大人，现在我成了孤零零的一个人！

我要回到过去幸福的时候……”

是不是正因为她有这种想法，梦里才会出现像无脸男那样一个奇妙、孤独、宛如孩子一般的生物呢？

无脸男之所以钟情于在汤屋工作的小千，可能是在想方设法阻止小千通过克服各种困难使自己不断成长起来。无论是给她金砂还是其他任何东西都行，无脸男只是希望小千永远做一个长不大的孩子。对于不肯听从自己意见的小千，无脸男也是想暴力相向的。但幸运的是，最终他失去了那份凶狠，变得老老实实的了。那是因为，他不得不承认现实，那就是小千，也就是千寻正在不断成长，已经开始一步步踏上长大成人的道路了。我想，无脸男已经明白：在千寻这里，属于自己的舞台已经消失了。

为什么吉卜力动画的结局总是“含含糊糊”

总的说来，吉卜力动画的大多数作品都能让人在看完之后感到内心洋溢着满足感和充实感。如果说有一些让人觉得意犹未尽的地方，除了《起风了》的故事结局，再就是其他作品都没有描写主人公们恋爱的结局。也就是说，对于故事中“从此以后……”的部分，创作者没有交代。让我们一一回顾一下。

《风之谷》中，主人公娜乌西卡和阿斯贝鲁的爱情刚刚萌芽，故事就结束了。

《天空之城》中的希达和巴鲁，按理讲感情应该是相当稳定了，但两个人当时都只有 13 岁左右。两个小小年纪的少年，未来的感情如何发展，实在是让人感到迷茫，难以预测。

《龙猫》中的小月和勘太，还要经过很长一段作为同班同学的相处时光，他们之间的感情发展成恋情的可能性很低。

与此相比，《魔女宅急便》中的琪琪和蜻蜓因为一起享受着在天空中自由飞翔的乐趣，总给人一种未来可期的感觉。同时，蜻蜓还戴着一副和琪琪的爸爸一模一样的眼镜，也让作为“爸爸宝”的琪琪心里痒痒的，这就增加了恋爱成功的可能性。

至于《红猪》中的波鲁克、吉娜和菲奥三个人的爱情故事，鉴于菲奥说过“这是我和吉娜的秘密”，再去打听就显得八卦了。

还有《幽灵公主》中的珊和阿席达卡，因为两人一个生活在森林里，一个住在达达拉城，他们下一步的关系发展还真让人捉摸不透。

说到《千与千寻》里的千寻和白龙，因为白龙本身是河神，两人是否还能见面都不可预料。还有一个现实问题就是，白龙赖以栖身的琥珀川都已经被填平、不存在了呀！

不过对于《哈尔的移动城堡》中的哈尔和苏菲，感觉还真可以期待一下他们的欢喜大结局呢！你说两人在哈尔的“移动城堡”里，到底要飞到哪里去呢？

《悬崖上的金鱼姬》中的波妞和宗介就更没法预料了。不管怎么说，两人中一个是刚刚变成人的小女孩，另一个还在上幼儿园。他们俩未来的关系，那才真是“只有神才知道”呢！

综上，几乎所有作品都是在没有交代“从那以后……”的情况下，故事就戛然而止了，谁也不知道主人公们最后怎么样了呢。

说到这里，我们还是先聊聊心理学上的“蔡加尼克效应”吧。

蔡加尼克效应，是指人们对尚未处理完的事情比已经处理完成的事情印象更深，更容易留在记忆里的心理现象。

就像人们往往无法忘记以单恋方式结束的恋情，还有世人总是对猝然离世的名人更加怀念等，都是因为蔡加尼克效应在发挥作用。也就是说，故事以“大团圆”收场，可能会让人觉得毫无悬念、没滋没味，反而是那些没有完结的部分，在人的心里会留下余韵，从而引起观众的想象。

所以我认为，吉卜力的创作者就是为了留白，才刻意不去交代“从那以后……”的部分，就让故事的帷幕骤然落下的。

不过，吉卜力动画的巧妙之处还在于，创作者会在影片结束时，对“之后”发生的部分内容给予一些补充和提示。例如，《风之谷》的结尾描绘了重建风之谷的情况；《龙猫》的片尾也交代了妈妈不久后顺利出院的消息；在《魔女宅急便》中，黑猫吉吉则成了四只可爱小猫咪的妈妈。

以上这些细腻的设计，在吉卜力动画中可谓比比皆是，这可能也是吉卜力动画能在人们记忆中长期留存的缘由之一吧。

第 6 章

吉卜力动画中的怀旧感从何而来

似乎人上了年纪，就会有些坏主意……

《哈尔的移动城堡》

经典场景中的“并排心理学”

《龙猫》中的小月和小梅跟着爸爸搬到了村里的一栋老房子居住。这栋房子位于“里山”和“镇守之森”的交界处。

“里山”是指人类长期以来与自然相伴而生的自然环境，那里有农田，有蓄水池，还有树林和草原等多种多样的自然环境；“镇守之森”则是为了守护位于村落中心的神社，而围绕神社人工培育的树林，故事中龙猫所住的大樟树就在那里。

也就是说，对于小月和小梅来说，龙猫本来就是她们的“邻居”。这就解释了为什么日文片名里特意加了一个定语“旁边的”[①]，但理由可能还不止于此。

小月第一次见到龙猫是在一个雨夜。当时，她背着疲乏的小梅，在公交车站等爸爸回来。这时，龙猫就出现在了小月的旁边。

这个设计非常重要。可以想象一下，如果龙猫这个大块头的家伙直接从正面出现，纵使小月的心理再强大，可能也会被吓得落荒而逃了。正因为是在“旁边”，所以尽管小月也吓得战战兢兢，但还是能够鼓起勇气来抬头看看的。

每个人都有自己的“个人空间”，这就像是我们无意识地在自己周围设置了一个屏障，他人只能在自己允许之后才能进入这个空间活动。也就是说，每个人

① 《龙猫》的日文片名为“となりのトトロ”，直译为“旁边的龙猫”。——译者注

都有一个心理上的地盘。

由于个人空间是眼睛看不到的，所以我们平时也不会注意到。但是，如果有人试图打破屏障，并且超过了必要的限度，我们马上就会变得紧张，感到不愉快。我们经常能看到，在车站站台的长椅上，人们通常会有意识地间隔落座，其实这就是一种“个人地盘的竞争”，说明每个人都不喜欢自己的心理空间被打破。

又因为个人空间是属于心理上的，空间大小可能会根据心情的不同而扩大或缩小。

小月背着睡着的小梅，在蒙蒙细雨的夜晚，长时间地站在公交车站旁，爸爸迟迟不归，她的心里自然非常紧张不安。由于警戒心变强，所以小月的个人空间也变得非常大，特别是对于用眼睛能确认到的正前方，更是会加倍警戒，处于她正前方的个人空间自然也就变得更加广阔了。

相对的，小月旁边的个人空间就要狭小得多，其警惕心也就不那么强，心理会放松一些。所以当她看到龙猫站在旁边时，也没有感到特别惊讶。

现实生活中，当我们与刚认识的人隔桌相对而坐时，就会感到紧张，有时甚至会感到说话都提不起兴致来，就是因为我们感到这是一种对个人空间的干扰。

然而，如果把见面地点改成像吧台那样的并排座位，人们就不会太在意对方，反而可以轻松地聊天了。这应该是因为横向的个人空间比前方的小，所以不会相互打破对方心理地盘的原因。

也就是说，正是因为龙猫在“旁边”跟小月并排站着，才使她敞开了心扉。创作者在片名中使用“旁边”这种表述，或许也包含了这样的意思。

孩子心中万物有灵的想法

小月和小梅跟着爸爸搬到了日本原始风景般的里山，住进了一栋古老的房子里。在这里，姐妹俩好奇地在家中四处搜寻，终于在阁楼上发现了一群蠢蠢欲动的神秘物体，那是一群又黑又圆又蓬松的东西，而且看上去就像是无数个小东西聚在一起的样子。两个人吓得哇哇大叫，结果这些小东西马上就像蜘蛛一样四散开来，消失得无影无踪了。

当两个孩子激动得吵吵嚷嚷着把这件事告诉父亲辰男时，他马上告诉孩子们这些东西的名字叫作“灰尘精灵”。辰男说：“它们不是什么妖怪，也不是什么精灵，这是当人从明亮的地方突然转入黑暗中时，眼睛所产生的一种错觉。

在大学教书的辰男可能也很想像学者一样文绉绉地说一句“这是一种视觉错觉”，但孩子们很难理解。辰男了解孩子们的思维局限，所以就特意给它们起了一个拟人化的名字——灰尘精灵。

辰男对孩子的这种说话方式，从心理学的角度来解释就会发现是合情合理的，因为拟人化的话语更能让孩子理解并接受。本来，孩子在其成长阶段的某个时期，大约从 2 岁开始到小学低年级阶段，就会有一种思维倾向，认为所有的东西都有“灵魂”。也就是说，孩子有一种把万物拟人化的倾向。

例如，小孩子会把自己的毛绒玩具当作活着的生物来对待，坚信它会笑、会哭、会痛。在发展心理学中，孩子的这种心理被称为“万物有灵意识”。

通过将玩具和工具拟人化，孩子们对玩具本身的依恋便会加深，也更容易培养出“珍惜”“感谢”等情感。如果能好好利用孩子的这种特性，用像"枕头上的小皮尔""袜子上的太郎和二郎"等说法，把房间里的东西拟人化，自然就能促使孩子养成珍惜物品、认真整理东西的习惯。辰男虽然是个考古学家，但是他似乎对孩子的心理非常了解。

辰男的"奶爸风范"可以说是当之无愧的。除了在大学里的工作，他在家里也要忙于研究和写作，还得照顾住院的妻子。尽管如此，在照顾两个孩子、与孩子们交流方面，他丝毫不"偷工减料"，能够真诚地面对孩子们脑海中异想天开的世界。

为什么龙猫代表了怀念之情

《龙猫》的主人公是小月和小梅这对姐妹。小月的全名是草壁皋月，“皋月”二字用日语汉字写的话就是“五月”，而小梅的名字用英文来写则是May，看起来这两个名字都与五月有关。

这大概也是创作者特意设计的吧。电影开场时，姐妹俩跟随着爸爸搬到村子里的时间，也被设定在“五月一个晴朗的假日”。

如果要做一个问卷调查，问题是：“你觉得在日本，最舒服的月份是几月呢？”估计在所有日本人的答案中，“五月”肯定能进入前三名。五月的日本既不热也不冷，六月的梅雨还没到来，“五月晴”的日子很多，树上或长满嫩叶，或繁花似锦，那真是一片生机勃勃。很少有人会在这个季节里感到不舒服。或许正因如此，坐在搬家货车里摇摇晃晃的小月和小梅，脸上完全看不到不安的神情。

一般情况下，人在搬到陌生地方的时候多少会感到不安，像《千与千寻》中的千寻那样闹闹别扭，也并不让人觉得奇怪。可是小月和小梅姐妹俩不仅没有感到不安，反而满怀期待，或许因为里山的美丽风景，在五月这个季节的映衬下，显得格外赏心悦目。

观众的感觉也是一样的，总会不由自主地像小月和小梅一样，带着期待的心情猜想：“接下来，在这美丽而又舒适的里山，究竟会发生什么有趣的故事呢？”心情自然也会变得激动起来。

被五月装点的里山是那么富有魅力，还给人一种令人怀念的感觉，真让人觉得不可思议。

当过去的记忆突然苏醒，人就会产生怀念的感觉。然后，把事情逐渐想清楚的过程，就像是在进行一场亲身体验，记忆中的形象会逐渐浮现出来。

你是否也曾经在整理房间的时候，因为发现了一些老照片而沉浸在当时令人怀念的回忆之中？这种情感被称为“怀旧”，据说这种情感是其他动物所没有的，是人类特有的一种情感。

研究表明，人容易在心情低落的时候产生怀旧的情绪。而在经历过这种感受之后，又会有一种积极的感觉萌生。

另外，人在怀念过去的时候，那种被别人支持着、拥有社会联系的感受程度也会比较高。也就是说，当一个人处在怀旧情绪中时，可以很好地调节心情，加深与他人的联系。生活中，当我们望着老照片时便会觉得心里暖暖的，可能就是出于这个原因吧。

观众们看到龙猫所栖息的里山和镇守之森会感到怀念，也会被治愈，是因为怀旧情绪的效果发挥出来了。

但是，也有人会对这一点抱有怀疑态度。他们会说：“我从没有过在里山和镇守之森游玩或居住的体验，为什么也会感到‘怀旧’呢？”有一个名词可以解释这一点，叫作“虚拟怀旧”。正如谚语“庄稼还是人家的好”所说的，人本来就是喜欢比较的生物。我们甚至会把自己生活的“这个时代”和作为知识去了解的过去“那个时代”进行对比，而且，如果你觉得过去的时代比现在更美好的话，在憧憬过去时代的同时，也容易产生怀旧情绪。

对龙猫所栖息的里山感到怀念，并在看到的时候被治愈，也是对那个世界的憧憬和‘虚拟怀旧’所造成的。

隐藏在红色中的信息

《红猪》的主人公真名叫马可，由于他在故事中的形象是猪，所以视马可为仇敌的空贼们并不喊他的真名，而是喊他的外号“波鲁克·罗梭”，这个名字在意大利语中的意思是“赤猪”。因此，这部动画的片名按理也就可以叫作“赤猪”了。波鲁克的爱机，颜色也是赤色。驾驶着赤色飞机在空中自由飞翔的波鲁克，还真是一头名副其实的赤猪！

尽管如此，为什么片名却被定为“红猪”了呢？

日本人印象中的“赤色”和“红色”，放在一起比较的话，会有微妙的差别。红色要比赤色更深一些。

在日语中，比起“赤猪”的读法，“红猪”读起来语感更好一些，不过这并非主要原因，我们用色彩心理学的知识来分析一下。

赤色是象征能量和生命力的颜色，也是能让人产生兴奋感的颜色。事实上，实验也已证实，赤色具有增强人类运动能力和斗争本能的效果。另外，赤色被称为“前进色”，会让人感觉像是有什么东西正在逼近，是一种能给人以威胁和压迫感的颜色。正因为有以上效果，战国时代日本以勇猛果敢著称的武士集团，都一定要身着名为“赤备”的盔甲走向战场。

《红猪》讲述的故事发生在 1930 年前后，当时世界正陷入经济大萧条，列强们为了保卫自己的国家利益而展开战争，正所谓是世界被染成“赤色”的时代。

同时，波鲁克在战争中失去了很多战友，只有他一个人活了下来。他是一个因活下来而感到愧疚的人，也是一个不想为了愚蠢的战争而失去宝贵生命的男人。也许正因如此，波鲁克才会在行动时遵守自己的规矩：即使重创了空贼的飞机并使其迫降在海里，也不会夺走机组人员的性命。

这样的波鲁克与激发斗争本能的赤色并不相配。同样是红色系的颜色，“红色”所具有的色彩心理上的信息却略有不同。红色就像文学作品中所描写的那种

“夕阳西下，天色逐渐暗淡下来，天空染上了一抹黄昏的霞光”一样，没有威胁和压迫感，更没有攻击性。这样的颜色才与波鲁克的心情是一致的。

另外，“红”在日语中还有一个读音，意思是“胭脂”。这个词有一种像是在表达“在嘴唇上涂上红色”的感觉，能给人以女性的印象。

《红猪》本来也是一部描写波鲁克与两个女人吉娜和菲奥之间略带悲伤的爱情故事的作品。从这个意义上来说，我认为“红猪”更适合作为这部作品的片名。

电影中的阿德勒心理学

“森”和“林”有什么不同呢？借用专家的说法：“森”是森林的意思，属于自然形成；而“林”是树林的意思，是人工种植形成的。就如镇守之森，自古以来，森林就被认为是神灵生活的地方，也许只有在尚未遭受人工污染和破坏的森林里，神灵才能够安心地生活吧。

《幽灵公主》这部动画，描写的就是“努力守护大自然中原始森林的动物们”与“坚决想要把森林开垦成树林的人类”之间的纠葛。在《幽灵公主》中，白狼神和猪神作为守护森林一方的动物神的代表出现。在故事的开始，猪神纳戈被统帅达达拉城的艾伯西所射出的石火箭和铁砾击成重伤，一怒之下变成了魔祟神，袭击了阿席达卡所居住的村落。

纳戈本来是守护森林的动物神，在愤怒和憎恨的情绪下陷入疯狂，结果变成了危害人类的存在。可悲的是，仇恨的锁链是没有尽头的。纳戈恰是因为憎恨那些破坏自然的人，最后才把自己也变成了破坏者。

主人公阿席达卡为了保护村民们，下定决心向魔祟神射出了利箭，欲要夺其性命，但这让其右臂上出现了被诅咒的印记。村里的老巫女希大人说，这个印记不久就会侵入到骨头里，并夺走阿席达卡的生命。阿席达卡为拯救村民击退了魔祟神，却受到了致命的诅咒。

受到这样的诅咒，任何人都会感到恐惧不安，四处找人帮忙解决吧，但是，在阿席达卡身上却看不出丝毫不安的样子。

希大人知道阿席达卡的想法，她说：

“没有人能够改变命运，

但可以选择是坐以待毙，还是奋力一搏。”

受到这句话的启示，阿席达卡下定决心，散开发髻，朝着魔祟神所在的西方出发了。

阿席达卡此举是“一人做事一人当”的意思。

说到“自我责任论”，就不得不再次提到阿尔弗雷德·阿德勒，他是与弗洛伊德、荣格齐名的心理学界伟人之一。阿德勒心理学十分流行，一时成为人们讨论的热门话题。“你现在所面临的情况是你自己选择和创造的，你需要对这种选择负责。”

阿德勒这句话的意思却并非指“一切都是你的责任，所以请你自己解决”。他想强调的是：“因为事情是因你而起的，所以你也应该能够找到解决的办法。”

也就是说，因为是自己做出的选择，所以只要你有对这个选择负责的态度，随时都可以靠自己的力量做出改变。“未来是可以靠自己来改变的”这句话是阿德勒自我责任论的本质。

我想，阿席达卡也一定是抱着这样的信念踏上征途的。他虽然遭受了诅咒，脸上却没有表现出丝毫的悲壮感，显然，他准备靠自己的双手去改变未来。

苏菲和稻草人菜头的人际关系法则

被荒野女巫变成老婆婆的苏菲为了藏身，不得不离开城市，向山里走去。爬山的时候，苏菲感受到了自己体力的衰退。不过这也是自然的，因为苏菲是从一个 18 岁的女孩，一下子变成 90 岁老婆婆的。

在路上，苏菲发现了一根恰好可以用来当拐杖的树枝，可她拔出来一看，这哪里是什么树枝，而是个倒立的稻草人。苏菲给它起了个名字叫作“菜头”。这个稻草人可不简单，它就像拥有生命一样，能一蹦一跳地走路。

菜头似乎很喜欢苏菲，它将自己的手杖当作礼物送给了她。并且，当苏菲心情愉悦地向它提出了一个看似无理的要求——“接下来，如果你能帮我找到今晚可以住的地方，我就更满意了”时，菜头马上乐颠颠地一蹦一跳地去寻找了。当时，苏菲喃喃自语了一句：

“似乎人上了年纪，就会有些坏主意……”

说到“上了年纪”，人们脑海中往往会浮现出很多负面的事情，但实际上“上了年纪”也绝不光是坏事。因为随着年龄的增长，人们能够掌握更多活下去的智慧。故事中的苏菲也是通过做 90 岁老婆婆的真实体验，而说出这句台词的。

顺便提一句，在故事的后半部分，稻草人菜头因为苏菲的吻而解除了诅咒，重新变回到邻国王子的身份。估计稻草人受到的诅咒应该是“只有被心爱的人吻到，咒语才能解开”吧。

有一个被称为“角色交换法”的心理学测试，就是通过和他人交换角色，来理解与自己不同的对方的立场，从而推测或想象对方的看法和想法。

“站在对方的立场思考和行动”，在处理人际关系中是非常重要的。

爱情也是如此。人一旦开始恋爱，就容易陷入“我的眼里只有你”的状态。但是这种状态的问题在于，可能会出现罔顾对方需求的强行示爱，或者过度小心翼翼的情况，其结果往往会适得其反，使恋情不能顺利发展。

在这方面，苏菲原本就是那种能够温柔地站在对方的立场思考的性格，或许正因如此，苏菲不仅被哈尔喜欢，还被邻国王子仰慕，观众们也都羡慕地等待着剧情的进一步发展呢！

由“互相呼唤名字”而产生的依恋感

据说，人在出生后一年左右就能分辨自己的名字了。名字是用于“身份认同”的重要存在。身份认同一词由美国心理学家埃里克·埃里克森（Erik Erikson）提出，也被翻译为“自我认同”。如果用一句通俗的话来解释它的意思，那就是“保持自我”。

有助于身份认同确立的重要工具之一，就是人的名字。

人和自己的名字之间渊源深厚，所以自然会与之产生依恋的情绪。正因如此，只要喊一声名字，对方就会产生一种特别的情感。

在心理学中，有一种说法叫作“名字编码效果”。

叫他人名字的一方表达了“你的名字很重要，我对你很依恋”的感觉，而被叫到名字的一方，也会切实感受到这种依恋。

人被叫到名字，总有种自己被认可的感觉，同时也会对对方产生好感。这种好感，有时甚至会转变为爱情。

来看一下在《千与千寻》中，主人公千寻喊出场人物名字的次数：

汤婆婆	5 次
锅炉爷爷	5 次
小玲	6 次
白龙	47 次

正如你所看到的，千寻叫白龙名字的次数，简直是多得离谱。当然，“爸爸”“妈妈”不同于名字，千寻叫“爸爸”的次数是 24 次，叫“妈妈”的次数是 20

次。可见千寻叫白龙的次数，比叫“爸爸”“妈妈”次数的总和还要多。对千寻来说，白龙真的是无可替代的存在呀！

同时，因为白龙沉默寡言，而且没有千寻那么多的出场机会，所以他叫千寻的次数自然就要少得多。但为了回应千寻，他叫了 9 次“千寻”、8 次“小千”。

这两个人，通过互相叫对方的名字，从而确认并加深了彼此之间的联系。

实际上，有一个角色叫千寻名字的次数几乎不亚于白龙，只是她把千寻喊作“小千”而已。这个人就小玲姐姐，她叫了千寻 11 次，这体现出小玲喜欢千寻，并有着把她当作自己亲妹妹一样疼惜的情感。

另外，千寻的母亲虽然显得有点冷漠，但她也叫了 12 次千寻的名字。与她相比，千寻的父亲只叫了 5 次，千寻母亲叫女儿名字的次数是父亲的两倍还多。

从这一点也可以看出，虽然乍看起来千寻的母亲有些冷漠，但她还是非常关心女儿的。

就像这样，只要数一下叫名字的次数，就能意外地看出每个人内心的想法。

谈到两个人互叫名字比较多的作品，大家是不是马上就会想起《天空之城》中的希达和巴鲁，以及《悬崖上的金鱼姬》中的波妞和宗介呢？

如果想找到那些在作品中没有清晰地表现出来，却能引导我们深入了解角色深层心理的部分，这应该是一条绝佳的线索。

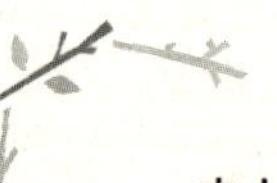

吉卜力作品所释放的“治愈效果”

吉卜力动画老少皆宜，从小孩到老人都能欣赏得来，其内容令人感动，多是些会让人不由自主泪流满面的情节。

吉卜力动画的每个故事，主题都寓意深刻，还有很多东西隐藏其中，每次回看都会有新的发现，这也是吉卜力动画的一大特色。也许正是因为这个原因，与小时候相比，人们在长大后再回头看这些动画时，反而更容易流下眼泪。

那么，你是被吉卜力动画中的哪些情节感动落泪的呢？是看到娜乌西卡为了救王虫的幼虫，不惜牺牲自己来阻止被愤怒冲昏了头的王虫大军前进的场景吗？还是看到迷路的小梅见到小月时，松了一口气“哇”地哭出来的那一幕？也有人会说，还是千寻边哭边吃白龙送来的饭团的场面最让人感动！也许还有人会在看到被箭射伤的雅克尔仍然拼命跟着阿席达卡前进时，被那种勇敢、坚毅的样子突然间催生了眼泪。

如果自己曾经有过类似的经历，就更容易因产生共鸣而感动落泪了。

当我看到菜穗子瞒着二郎悄悄返回山上的场景时，恰好和自己的某段回忆产生了重叠，自然也就泪流满面了。

人不仅在悲伤的时候会流泪，在高兴的时候、感动的时候也会流泪。要说这一点让人觉得不可思议的话，那可还真是值得一说呢。

你知道吗？眼泪的味道会随着喜怒哀乐的情感不同而发生变化。眼泪基本上可以分为三种：眨眼时分泌的眼泪，属于“基础眼泪”；当异物进入眼睛后，因受到刺激而流出的眼泪，叫作“反射性眼泪”；因喜怒哀乐等情感影响而流出的眼泪，则是“情感性眼泪”。

味道会发生变化的，是第三种眼泪，也就是“情感性眼泪”。这种眼泪的味道会因情感的不同而不同。在感到委屈或生气的时候流下的眼泪，味道特别咸。咸味来自钠，这表明人在感到悔恨或愤怒的时候，泪水中的钠含量是如此之高！人在感到悲伤或高兴时流下的眼泪，钠含量则比较少，眼泪的味道也淡而清爽，但流泪的量要多一些。

眼泪中的物质当然不只有钠。除了钠，其中还含有各种可能导致压力生成的物质。因此，通过流泪，人可以将压力作为废物排出体外。

人在大哭之后，心情会变得舒畅许多，

大概就是源于此。这在心理学上被称为“宣泄效应”。另外，人在大声哭泣时，被压抑的情绪会得以释放，也能达到极大的提神效果。人们常说“年纪大了，眼眶也变得脆弱了”，这是因为随着年龄的增长，人所承受的压力也会变大。“眼眶变得脆弱”可能是为了将压力排出体外而采取的一种自我保护措施吧！

那些因压力过大而身体状况不佳的人，请一定要多看看吉卜力的动画作品，试着流一流眼泪吧！我觉得这种方法要比吃那些不靠谱的药更为有效。

推荐作品

《风之谷》

《天空之城》

《龙猫》

《红猪》

《悬崖上的金鱼姬》

《千与千寻》

《起风了》

《魔女宅急便》

《哈尔的移动城堡》

《风的归宿》《续·风的归宿》

译者后记

走进内心深处：
一部帮助人们更好理解吉卜力电影内涵的书

山东青年政治学院
管秀兰教授

很长时间没有看到吉卜力的新作了，故而在看到这本书的第一眼，我就如同找到了一位寻觅多年的知音，怎么可能不紧紧拉住她的手呢？我感觉自己和吉卜力的缘分，又通过这本书联结到了一起。我为有机会能够翻译这样一部几乎总结了所有经典作品精华，而且是从心理学的独特视角给予诠释的作品而感到自豪和兴奋。

翻译自己喜爱的作品，的确是一种享受。因为本书的特色就是用心理学知识对作品中的人物及其行动展开剖析。所以，在本书的翻译过程中，我有时候也会特意停下来，用心感受自己当时的心理活动：我突然发现，与翻译其他作品时特别想尽快完工的想法有些不同，我似乎在有意无意地放慢翻译速度。这个“慢慢地”翻译过程，让我得以有更多时间去理解作者的观点，并细心感受宫崎骏所要尽力表达的内容。有时候，我甚至会放下正在翻译的部分，打开电视重新温习一遍自己其实已经看过无数遍的作品。这种做法里面，潜藏着我什么样的心理活动呢？我想，我可能是特别享受这种与一个“懂得”宫崎骏的人，轻声细语讨论他的思想活动的过程吧。

我的感觉是，面对纷繁复杂的生活，通过翻译这本书，不仅能够让我深刻理解作者所要表达出来的深意，还能引导我认真体察自己和其他读者们的内心：无论男女老幼，贫富贵贱，人们为什么都会喜欢、接纳吉卜力的作品？宫崎骏到底是用什么样的方式，拨动了我们的心弦？这些思考，比过去仅仅通过电影情节和单纯欣赏作品本身更有意思，更加让人对作品爱不释手。正是在这个过程中，我明白了自己为什么会与作品中的一些角色产生共鸣，为什么会一遍遍地打开这些作品，帮助自己度过一些感觉压力或者内心孤单的时刻，为什么想到吉卜力动画中的角色，我的内心会那么地温暖而坚定……

吉卜力工作室的灵魂人物——宫崎骏是我心目中男神级的存在。我看过宫崎骏所有的动画电影，我喜欢宫崎骏塑造的每一个角色，那些在各自故事中大显身手的“少女们”和围绕她们发生的那些充满人情味的故事，都深深吸引了我。如果有人问我喜欢吉卜力作品的理由，我感觉自己大脑中迅速蹦出好多、好多的词汇：温暖、美好、平和、接纳、付出、爱、理解、守护、真诚、希望、安静、干净、治愈、坚定、积极、勇敢、好奇……作为一名日语教师，吉卜力的很多经典作品片段和美文，也被我用来当作很好的教学材料。我希望通过对这些作品的欣赏，孩子们不仅学习了日语，还能够学会责任、付出、关爱、奉献、共情……

心理活动是宏大的行为艺术。心理学是一门能够深入人们内心深处，对人们的行动做出科学剖析的学科。当今社会，各行各业、不同年龄阶段的人们，都面临着各种各样的压力，以及源于这些压力所表现出的心理活动。本书的特色就是发掘出了吉卜力动画时时处处所体现的心理学知识，并通过专业的思维进行剖析，引导人们发现故事背后所蕴含的更加深层次的意义。虽然我估计在制作电影脚本的时候，吉卜力工作室的人应该也不会对每一个细节都辅以如此细致的心理学知识指导，而这正是这本书出现的意义，它能帮助我们用更丰富的视角来欣赏和理解电影。

在阅读本书之前，我们看吉卜力电影时，更多的是被其中优美的文学性和艺术性所吸引。，这本书能够更好地帮助读者体味吉卜力作品所蕴含的深层寓意，这是本书的重要贡献之一。从某种程度上来看，这也应该属于心理学的专家们，利用他们独特的学科优势，为整个社会健康发展所做出的重要贡献吧。

我想赘述一句的是，心理学作为帮助我们维护内心平衡以及社会秩序稳定的、非常有意义的职业之一，很大程度上不能被机器所取代。如果有更多人，特别是学生和教师能够关注心理学方面的专业知识，并接受系统的心理学训练，对于保护我们亲人的健康、家庭的和谐，保障学生的生命健康安全、社会的和谐幸福，都是非常有意义的事情，这也应该也属于本书对所有关注吉卜力电影的人的重要提示。

翻译作品的出版，得益于原作的优秀独特，编辑们的慧眼独具，以及译者的专业和负责任的精神。在这里，我似乎可以毫不谦虚地说，这本书完全具备以上三个要素。因此，我内心特别期待本书的面世。在这里，我首先得感谢湛庐的张娟编辑和思玉编辑在翻译过程给予的不遗余力的理解、支持与指导，是她们认真负责的付出，帮助实现了本书的面世。

回想本书的翻译过程，喜悦和幸福一直伴随着我。我的爱人李杰先生对本书的全部翻译内容进行了逐字逐句的审核，并提出了具体的修改意见。女儿冠群现在是日语专业的大三学生，她是本书成稿后的第一位读者。她结合自己得天独厚的日语学习优势，帮助我修改了多处表达不是很严密的地方。侄女怡然虽然还是个初中生，居然也能毫不客气地对其中的一些词语表达提出很有参考价值的想法。两个孩子认真而严谨负责的阅读态度，着实让我体味到了“后生可畏”的含义，她们的这些表现让我感到无比欣喜与自豪。

我现在最想干的事情，就是再去看一遍那些珍藏着的吉卜力电影了。

二零二三年五月
于千佛山下

未来，属于终身学习者

我们正在亲历前所未有的变革——互联网改变了信息传递的方式，指数级技术快速发展并颠覆商业世界，人工智能正在侵占越来越多的人类领地。

面对这些变化，我们需要问自己：未来需要什么样的人才?

答案是，成为终身学习者。终身学习意味着具备全面的知识结构、强大的逻辑思考能力和敏锐的感知力。这是一套能够在不断变化中随时重建、更新认知体系的能力。阅读，无疑是帮助我们整合这些能力的最佳途径。

在充满不确定性的时代，答案并不总是简单地出现在书本之中。“读万卷书”不仅要亲自阅读、广泛阅读，也需要我们深入探索好书的内部世界，让知识不再局限于书本之中。

湛庐阅读 App: 与最聪明的人共同进化

我们现在推出全新的湛庐阅读App，它将成为您在书本之外，践行终身学习的场所。

- 不用考虑“读什么”。这里汇集了湛庐所有纸质书、电子书、有声书和各种阅读服务。
- 可以学习“怎么读”。我们提供包括课程、精读班和讲书在内的全方位阅读解决方案。
- 谁来领读？您能最先了解到作者、译者、专家等大咖的前沿洞见，他们是高质量思想的源泉。
- 与谁共读？您将加入优秀的读者和终身学习者的行列，他们对阅读和学习具有持久的热情和源源不断的动力。

在湛庐阅读App首页，编辑为您精选了经典书目和优质音视频内容，每天早、中、晚更新，满足您不间断的阅读需求。

【特别专题】【主题书单】【人物特写】等原创专栏，提供专业、深度的解读和选书参考，回应社会议题，是您了解湛庐近千位重要作者思想的独家渠道。

在每本图书的详情页，您将通过深度导读栏目【专家视点】【深度访谈】和【书评】读懂、读透一本好书。

通过这个不设限的学习平台，您在任何时间、任何地点都能获得有价值的思想，并通过阅读实现终身学习。我们邀您共建一个与最聪明的人共同进化的社区，使其成为先进思想交汇的聚集地，这正是我们的使命和价值所在。

著作权合同登记号：图字：01-2023-2534 号

图书在版编目（CIP）数据

我看吉卜力动画时学会的事 /（日）清田予紀著；管秀兰译. --北京：中国纺织出版社有限公司，2023.6

ISBN 978-7-5229-0637-9

Ⅰ. ①我…　Ⅱ. ①清…　②管…　Ⅲ. ①心理学-通俗读物　Ⅳ. ①B84-49

中国国家版本馆CIP数据核字（2023）第 096145 号

责任编辑：刘桐妍　　责任校对：高　涵　　责任印制：储志伟

中国纺织出版社有限公司出版发行

地址：北京市朝阳区百子湾东里 A407 号楼　邮政编码：100124

销售电话：010—67004422　传真：010—87155801

http://www.c-textilep. com

中国纺织出版社天猫旗舰店

官方微博 http://weibo.com/2119887771

石家庄继文印刷有限公司印刷　各地新华书店经销

2023年6月第1版第1次印刷

开本：880×1230　1/32　印张：6.875

字数：80千字　定价：69.90元

凡购本书，如有缺页、倒页、脱页，由本社图书营销中心调换